名泉名水泡好茶

■ 詹罗九　主编

中国茶文化丛书

图1　作者在北京密云县白龙潭

图3　"八大山人"
　　　咏水墨迹

图2　山水出龙门（詹罗九摄）

图 4　新　安　江
（陆开蒂摄）

图 5　黄山太平湖
（陆开蒂摄）

图 6　黄山温泉与白龙溪
（陆开蒂摄）

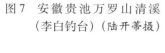

图 7　安徽贵池万罗山清溪
（李白钓台）（陆开蒂摄）

图 8　黄山"人字瀑"
（陆开蒂摄）

图 9　黄山"万丈泉"
（陆开蒂摄）

名泉名水泡好茶

图 10　四川都江堰

图 11　湖北天门"文学井"

图 12　四川九寨沟（陆开蒂摄）

图 13　作者在贵阳花溪

图 15　台湾日月潭

图 14　贵州黄果树瀑布

图 16　新疆赛里木湖
（陆开蒂摄）

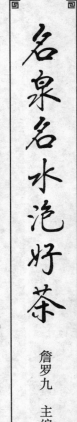

名泉名水泡好茶

詹罗九　主编

中国茶文化丛书

中国农业出版社

弘扬茶文化

刘枫题

浙江省政协主席、中国国际茶文化研究会会长
刘 枫 题词

《中国茶文化丛书》序一

我国是茶树发源地，也是发现和利用茶叶最早的国家。历史悠久，茶文化源远流长。中国饮茶之久、茶区之广、茶艺之精、名茶之多、品质之好，堪称世界之最。

中国茶文化有4 000多年的历史，内容广泛，它包括自然科学、人文科学，既有物质的、又有精神的。茶文化是物质文明和精神文明的结合。"清茶一杯"、"客来敬茶"，既有物质上的享受，又"精行俭德"，对情操的陶冶，代表了高雅朴实的民族风尚。茶文化是华夏优秀文化的一个重要组成部分。

中国国际茶文化研究会副会长、高级工程师于观亭主编，全国著名茶叶专家、教授，茶文化学者参与编写的这套茶文化丛书，从茶文化起源与发展、饮茶与健康、名山出好茶、名泉名水泡好茶、各民族的饮茶习俗、茶具与名壶、文人的茶诗画印，到中国茶膳的形成与发展等各个方面，阐述了丰富多彩、内容广泛的中国茶文化，既有科学性，又有趣味性。是一套茶文化的科普丛书，是一套健康向上的好书。

最后祝中国茶文化繁荣昌盛，茶产业不断壮大，以适应我国"入世"后的经济发展。

于杰夫

2002.2.26

《中国茶文化丛书》序二

　　我国唐朝陆羽在《茶经》里指出："茶之为饮，发乎神农氏，闻于鲁周公。"诸多历史典籍说明，我国自古就是茶的原产地，也是世界饮茶文化的起源地。在漫长的岁月里，中华民族在茶的发现、栽培、加工、利用，以及茶文化的形成、传播与发展方面，为人类的文明与进步书写了灿烂的篇章。

　　随着人类文明程度的提升，茶作为一种健康饮料，跻身于世界三大饮料行列，其内涵与功能也在与时俱进。在原有的中国传统经济作物与传统重要出口商品的基础上，茶文化与膳食文化又有机结合，使原有的茶文化得到新发展。进一步传播更加丰富的茶文化知识，是发展农业生产的需要，也是提升有中国特色社会主义社会的物质文明与精神文明程度的需要。

　　要把茶文化推向社会，就要让茶文化从学者的书斋里走出来。茶文化类图书应运而生。中国农业出版社传播茶文化素有佳绩，现在他们又策划出版《中国茶文化丛书》，成为同类图书的佼佼者之一。这套丛书阐述了中国茶文化的历史渊源与发展，内容广博，文字生动，融科学性与可读性为一体，使实用性与消闲性相结合，为普及、传播和发展茶文化做了有益的工作。

　　在此，我高兴地向广大读者推荐这套丛书，并祝愿以这套丛书的出版为契机，使我国的茶文化与茶产业都更上一层楼，为全面建设小康社会做出新的贡献。

姜习谨识

二〇〇二年三月二十四

目　录

《中国茶文化丛书》序一……………………………… 于光远

《中国茶文化丛书》序二……………………………… 姜　习

第一章　古人煮茶论泉 ……………………………… 1

　　第一节　唐代开创论泉的先河 …………………………… 1

　　第二节　宋代泉水文化的鼎盛 …………………………… 4

　　第三节　明代泉水文化的升华 …………………………… 7

　　第四节　清代泉水文化的集成 …………………………… 15

第二章　古代名泉和泉水试茶 ……………………… 17

　　第一节　泉水命名初考 …………………………………… 17

　　第二节　泉水故事 ………………………………………… 27

　　第三节　泉水艺文 ………………………………………… 38

第三章　历代名泉煮茶诗选欣赏 …………………… 42

　　第一节　唐代 ……………………………………………… 42

　　第二节　宋代 ……………………………………………… 52

1

名泉名水泡好茶

第三节　元代 ……………………………………………… 72

第四节　明代 ……………………………………………… 79

第五节　清代 ……………………………………………… 93

第四章　科学泡茶用水 ………………………………… 106

第一节　泉水科学知识 ………………………………… 106

第二节　水质标准 ……………………………………… 110

第三节　择水而饮 ……………………………………… 117

第五章　名泉名水泡名茶 ……………………………… 122

第一节　泡茶方法的历史演变 ………………………… 122

第二节　茶汤化学成分 ………………………………… 127

第三节　影响茶汤品质的因素 ………………………… 130

第四节　泡茶方法 ……………………………………… 133

附录　中国泉水名录 …………………………………… 139

后记 ……………………………………………………… 185

第一章　古人煮茶论泉

中国是茶树原产地，也是最早发现和利用茶的国家。三国魏晋以来，渐行茶饮，其初不习惯饮茶者，戏称为"水厄"（溺于水的灾难）。《太平御览》八六七引《世说新语》："晋司徒长史王濛好饮茶，人至辄命饮之，士大夫皆患之，每欲往候，必云：'今日有水厄。'"北魏刘缟慕王肃之风，专习茗饮，彭城王勰谓曰："卿不慕王侯八珍，好苍头水厄。"（见后魏杨衒之《洛阳伽蓝记·三城南报德寺》）

由茶事引发水事。但是，正如宋·叶清臣《述煮茶小品》所说："昔郦道元善于水经，未尝知茶，王肃癖于茗饮，而言不及水。"知茶又及水，有史料记载，始于唐。

第一节　唐代开创论泉的先河

到了唐代，饮茶之风大盛，品茶论泉，茶香泉味才开始整合。陆羽是"茶圣"，也是名副其实的"泉圣"。

唐·陆羽《茶经·五之煮》云：……其水，用山水上，江水中，井水下。其山水，拣乳泉，石池漫流者上；其瀑涌湍漱，勿食之，久食令人有颈疾。又多别流于山谷者，澄浸不泄，自火天至霜郊（降）以前，或潜龙蓄毒于其间。饮者可决

之，以流其恶，使新泉涓涓然，酌之。其江水，取去人远者。井水取汲多者。

茶经中煮茶用水的论述，精辟简要，开创了古人论泉的先河。

唐·张又新《水经》，托陆羽和刘伯刍之名，次第水品，导泉水文化之源。《水经》把茶圣推上了"泉神"的宝座。

唐·张又新《煎茶水记（即水经）》云：

故刑部侍郎刘公，讳伯刍，于又新丈人行也。为学精博，颇有风鉴称，较水之与茶宜者凡七等：

扬子江南零水第一。无锡惠山寺石泉水第二。苏州虎丘寺石泉水第三。丹阳县观音寺水第四。扬州大明寺水第五。吴松江水第六。淮水最下第七。

斯七水。余尝俱瓶于舟中亲把而比之，诚如其说也。客有熟于两浙者，言搜访未尽，余尝志之。及刺永嘉，过桐庐江，至严子濑，溪色至清，水味至冷，家人辈以陈黑坏茶泼之，皆至芳香。又以煎佳茶，不可名其鲜馥也。又愈于扬子南零殊远。及至永嘉，取仙岩瀑布用之，亦不下南零，以是知客之说，诚者信矣。夫显理鉴物，今之人信不迨于古人，盖亦有古人所未知，而今人能知之者。元和九年春，予初成名，与同年生期于荐福寺。余与李德垂先至，憩西厢玄鉴定，会适有楚僧至，置囊有数编书。余偶抽一通览焉，文细密，皆杂记，卷末又一题，云《煮茶记》。云代宗朝，李季卿刺湖州，至维扬，逢陆处士鸿渐。李素熟陆名，有倾盖之欢。因之赴郡，泊扬子驿，将食，李曰："陆君善于茶，盖天下闻名矣。况扬子南零水又殊绝。今者二妙千载一遇。何旷之乎？"命军士谨信者，挈瓶操舟，深诣南零，陆利器以俟之。俄水至，陆以

2

杓扬其水曰："江则江矣，非南零者，似临岸之水。"
使曰："某棹舟深入，见者累百，敢虚绐乎。"陆不言，
既而倾诸盆，至半，陆遽止之，又以杓扬之曰："自此
南零者矣。"使蹴然大骇，伏罪曰："某自南零赍至岸，
舟荡覆半，惧其鲜，挹岸水增之。处士之鉴，神鉴也，
其敢隐焉!"李与宾从数十人皆骇愕。李因问陆："既
如是，所历经处之水，优劣精可判矣。"陆曰："楚水
第一，晋水最下。"李因命笔，口授而次第之：

"庐山康王谷水帘水，第一；

无锡县惠山寺石泉水，第二；

蕲州兰溪石下水，第三；

峡州扇子山下，有石突然，泄水独清冷，状如龟
形，俗云蛤蟆口水，第四；

苏州虎丘寺石泉水，第五；

庐山招贤寺下方桥潭水，第六；

扬子江南零水，第七；

洪州西山西东瀑布水，第八；

唐州柏岩县淮水源，第九（自注："淮水亦佳"）；

庐州龙池山岭水，第十；

丹阳县观音寺水，第十一；

扬州大明寺水，第十二；

汉江金州上游中零水，第十三（自注："水苦"）；

归州玉虚洞下香溪水，第十四；

商州武关西洛水，第十五（自注："未尝泥"）；

吴淞江水，第十六；

天台山西南峰千丈瀑布水，第十七；

郴州圆泉水，第十八；

3

桐庐严陵滩水，第十九；

雪水，第二十（自注："用雪不可太冷"）。

此二十水，余尝试之，非系茶之精粗，过此不之
知也。夫茶烹于所产处，无不佳也，盖水土之宜。离
其处，水功其半。然善烹洁器，全其功也。"李置诸
笥焉，遇有言茶者，即示之。又新刺九江，有客李滂
门生刘鲁封言尝见说茶，余醒然，思往岁僧室获是
书，因尽箧，书在焉。古人云：泻水置瓶中，焉能辨
淄渑。此言不必可判也，万古以为信然，盖不疑矣。
岂知天下之理未可言至，古人研精，固有未尽，强学
君子，孜孜不懈，岂止思齐而已哉。此言亦有裨于勤
勉，故记之。

张又新因充当宰相李逢吉的爪牙而留下恶名。身后人们对
《煎茶水记》也多有疑问，认为是假虎张威。但是，张又新作
为古代泉水文化的鼻祖之一，其显理鉴物之识，在历史长河的
传承中，凸现出的作用，应是不争的事实。如"溪色至清，水
味至冷，家人辈以陈黑坏茶泼之，皆至芳香。又以煎佳茶，不
可名其鲜馥也"；"茶烹于所产处，无不佳也，盖水土之宜。离
其处，水功其半。然善烹洁器，全其功也。"等，在后代的泉
水文化论著中多有认同。

第二节　宋代泉水文化的鼎盛

宋·欧阳修《浮槎山水记》、《大明水记》，对《煎茶水记》
中陆羽次第水品提出质疑。《四库总目》说："修所记（指上述
欧阳修的二篇记述）极诋又新之妄，谓与陆羽所说皆不合，今
以《茶经》校之，信然。又《唐书》羽本传称李季卿宣慰江

南，有荐羽者，召之，羽野服挈具而入，季卿不为礼，羽愧之，更著《毁茶论》。则羽与季卿大相龃龉，又安有口授《水经》之理。殆以羽号善茶，当代所重，故又新托名欤？"

《茶经》问世于公元758年前后，陆羽卒于公元804年，《煎茶水记》撰写于公元825年前后，陆羽品水由上、中、下，发展为细分第一、第二、第三、……并纠正自己过去的偏见，不是完全不可能的。不论"泉品二十"是出自又新之笔，或是"托名"，纵观千年泉水文化之源流，它的历史地位是应该肯定的。至于神化陆羽、挂一漏万，只能说是一种历史的局限性，后人不能苛求。至于瀑布水，后来的论泉者，也有不同于《茶经》的说法。不能因人废言。

宋·叶清臣《述煮茶小品》，其文没有批判《煎茶水记》的内容，字里行间尚能品尝到对张又新泉水文化观念的认同。文中"昔郦道元善于《水经》，而未尝知茶；王肃癖于茗饮，而言不及水"之句，颇有几分对陆羽和张又新崇敬之意。与欧阳修相比，叶清臣也算是先辈了，各执己见，当属正常。

宋·蔡襄《茶录》："水泉不甘能损茶味，前世之论水品者以此。"宋徽宗《大观茶论》："水以清轻甘洁为美，轻甘乃水之自然，独为难得。古人第水虽曰中零、惠山为上，然人相去之远近，似不常得。但当取山泉之清洁者，其次则井之常汲者为可用。若江河之水，则鱼鳖之腥，泥泞之污，虽轻甘无取。"基本上是陆、张泉水文化之传承，但也有发展变化。

宋·聂厚载《惠山泉记》："先生（指陆羽）未生，泉味非苦；先生后生，泉方有誉。……天下之山，珠联栉比，山中之泉，丝莩发委，先生未登之山，未尝之泉多矣。……无情之水，遇至鉴汲引，尚能纪名于简册，分甘于郡国……"。天下甘泉多矣！对次第纪名，不以为然。"先生后生，泉方有誉"，

一语道破了"名人名泉"的事理。

宋·李昭玘《白鹤泉记》说白鹤泉"味甘色白，於茶尤宜，以谓虽不及惠山，而不失为第三水，人始称之。世传陆羽、张又新《水记》次第二十种，多出东南。北洲之水，弃而不载。"既认同次第，又对其局限性不满。此文所记之白鹤泉在山东省，具体位置不详。

《煎茶水记》记述的水品，除雪水外，淮水源地处淮河流域；天台山瀑布水、桐庐严陵滩水地处新安江流域；其余16品目，都在长江流域。按行政区划分：江苏6品目、江西3品目，湖北3品目，浙江2品目，陕西2品目，安徽、河南、湖南各1品目，仅限于8省，华南、西南、华北、东北，无有。难怪后人有"翻怜陆鸿渐，跬步限江东"之句。但是，二十水品的次第也真实地反映了唐代社会发展和茶事活动的状况，名泉多处饮茶之风最兴盛的地域。

宋·唐庚《斗茶记》："茶不问团铸，要之贵新；水不问江井，要之贵活。"在陆羽的"井水取汲多者"基础上，发展为"贵活"。流水不腐，惟有源头活水来也。宋·苏轼有"活水还须活火煎"、"贵从活火发新泉"等传世之句，把"活水"与"活火"联系在一起，由水扩展到煮水方法。

宋·汤巾《以庐山三叠泉寄张宗瑞》有"几人竞尝飞流胜，今日方知至味全。"诗句。《宋诗纪事》据《游宦纪闻》判定汤巾是用瀑布水瀹茶的始作俑者。瀑布水可食，后人突破前人的认识框架。

宋代有文字记述的泉水主要有：江苏苏州天平山白云泉、宜兴顾渚涌金泉；浙江杭州的六一泉、参寥泉，绍兴的苦竹泉、郑公泉，湖州的金沙泉、瑞应泉；福建建州御泉；广东惠州锡杖泉，琼州惠通泉；山东济南金线泉，青州范公泉等等。

　　与唐代相比，宋代泉水诗的作品剧增，仅《中国茶文化精典》（光明日报出版社 1999）收录的就有近百首，其中有诸多的论泉之作。如蔡襄的"鲜香箸下云，甘滑杯中露"；苏辙的"热尽自清凉，苦尽即甘滑"；洪刍的"水之美者三危露，邂逅清甘一勺同"；杨万里的"下山汲井得甘冷，上山摘芽得甘梗。"等等。

　　元·陈基《炼雪轩记》说吴郡因了堂上人归老其乡，其乡之水宜茶，与中泠惠山相伯仲，但不取用，偏爱殿者——雪水，把家居小室也改名炼雪轩。"故茶之祛烦涤滞，犹雪之凌弭毒害也。……故不必虎丘、松江，而水之品存斯善乎水者也。不待涸阴冱寒而雪之用足斯善乎雪者也。"关于雪水，宋·周紫芝《雪中煮茗》有"旋扫飞花煮玉尘"；宋·李纲《建溪再得雪乡人以为宜茶》有"闽岭今冬雪再华，清寒芳润最宜茶"；元·刘诜《雪鼎烹茶》有"人夸江南谷帘水，我酌天山白玉泉"；元·谢宗可《雪煎茶》有"夜扫寒英煮绿尘，松风入鼎更清新"；元·叶颙《雪水煎茶》有"雪水烹佳茗，寒江滚暮涛"；元·陈基《煮雪窝为玉山作》有"就山为窝受山雪，雪胜玉泉茶胜芝"等。

第三节　明代泉水文化的升华

　　明·钱宰《煮雪轩记》，可谓元代《炼雪轩记》的姊妹篇。"一勺入口，神水上华池，灵永斯烈，白雪之英，清入肺腑，因名其轩曰：'煮雪'。……嗟夫！天地间至清之气也。"以不污的白雪，赞誉人品高洁之士。以物喻人，以泉品喻人品，把自然之物升华为文化之物，论泉从自然范畴拓展到了人文范畴。

　　明·朱权，自号臞仙。《茶谱·序》："挺然而秀，郁然而

茂，森然而列者，北园之茶也。泠然而清，锵然而声，涓然而流者，南涧之水也。……予尝举白眼而望青天，汲清泉而烹活火，自谓与天语以扩心志之大，符水火以副内练之功，得非游心于茶灶，又将有裨于修养之道矣，其惟清哉?"北园之茶，南涧之水。作者汲清泉，烹活火，瀹茶品。与天语以扩心志，符水火以副内练，在清心寡欲，休闲品茗中修身养性。《茶谱·水品》："青城山人村杞泉水第一，钟山八功德水第二，洪崖丹潭水第三，竹根泉水第四……"当属唐代次第泉水的传承。

明·田艺蘅《煮泉小品》正文分十品目，一源泉、二石流、三清寒、四甘香、五宜茶、六灵水、七异泉、八江水、九井水、十绪谈。是古代一篇有价值的论泉之作。摘录于下：

源泉　积阴之气为水，水本曰源，源曰泉。水本作氼象，众水并流，中有微阳之气也，省作水。源，本作原。亦作灥，从泉出厂下；厂，山岩之可居者，省作原，今作源。泉，本作灥象，水流出成川形也。知三字之义。而泉之品思过半矣。山下出泉曰蒙。蒙，稚也。物稚则天全，水稚则味全。故鸿渐曰："山水上"。其曰"乳泉石池漫流者"，蒙之谓也。源泉必重，而泉之佳者尤重（按：佳泉必重）。山厚者泉厚，山奇者泉奇，山清者泉清，山幽者泉优，皆佳品也（按：有佳山必有佳泉）。

石流　石，山骨也，流水行也。山宣气以产万物，气宣则脉长，故曰"山水上"。《博物志》：石者，金之根甲。石流精以生水，又曰山泉者，引地气也。泉非石出者必不佳。故楚辞云："饮石泉兮荫松柏"。皇甫曾《送陆羽诗》："幽期山寺远，野汲石泉清"。梅尧臣《碧霄峰茗诗》："烹处石泉嘉。"又云"小石冷泉留早味。"诚可为赏鉴者矣。泉往往有伏流沙土中者，挹之不竭即可食。泉不流者，食之有害。泉涌者曰渍。在在所称珍珠泉者，皆气盛而脉涌耳，切不可食（按：气者，为二氧化碳，实误。）泉悬出曰沃，暴溜曰瀑，皆不可食。

清寒　清，朗也，静也，澄水之貌；寒，冽也，冻也，覆冰之貌。泉不难于清，而难于寒。（按：宋·黄庭坚有"寒泉汤鼎听松风"、"锡谷寒泉椭石俱"；明·孙承恩有"清冽犹可掬"；明·郑善夫有"茶仙品泉泉为寒"。）冰，坚水也，穷谷阴气，所聚不泄，则结而为伏阴也。在地英明者，惟水而冰，则精而且冷，是固清寒之极也。谢康乐诗："凿冰煮朝飧。"《拾遗记》："蓬莱山冰水，饮者千岁。"下有石硫黄者，发为温泉（按：实误。），在在有之。又有共出一壑，半温半冷者，亦在在有之，皆非食品。特新安黄山朱砂汤泉可食。（按：温泉多有矿泉水，有医疗用的和饮用的，或兼用。可饮可浴的温泉很多。）《拾遗记》："蓬莱山沸水，饮者千岁，此又仙饮。"

甘香　甘，美也；香，芳也。黍惟甘香，故能养人。泉惟甘泉，故亦能养人。然甘易而香难，未有香而不甘者也。味美者曰甘泉，气芳者曰香泉，所在间有之。泉上有恶水，则叶滋根润，皆能损其甘香。甜水，以甘称也。《拾遗记》：员峤山北，"甜水绕之，味甜如蜜。"

宜茶　茶，南方嘉木，日用之不可少也。若不得其水，且煮之不得其宜，虽佳弗佳也。茶如佳人。此论虽妙，但恐不宜山林间耳。昔苏子瞻诗："从来佳茗似佳人"。鸿渐有云，烹茶于所产处无不佳，盖水土之宜也，此诚妙论。（按：产区之水，尤发茶香。）故《茶谱》亦云，蒙之中顶茶，若获一两，以本处水煎服，即能祛宿疾是也。今武林诸泉，惟龙泓入品。而茶亦惟龙泓山为最，盖兹山深厚高人，佳丽秀越，为两山之主。故其泉清寒甘香，雅宜煮茶。又其上为老龙泓，寒碧倍之。其地产茶，为南北山绝品。鸿渐第钱唐、天竺、灵隐者为下品，当未识此耳。而郡志亦只称宝云、香林、白云诸茶，皆未若龙泓之清馥隽永也。余尝一一试之，求其茶泉双绝。龙泓今称龙井，因其深也。择水当择茶也。鸿渐以婺州为次，而清臣以白乳为武夷之右，今优劣顿反矣。意者所离其处，水功其半耶？有水有茶，不可无火。非无火也，有所宜也。前人云，茶须缓火炙，活火煎。活火，谓炭火之有焰者。苏轼诗"活水仍须活火烹"是也。煮茶得宜，而饮非其人，犹汲乳泉，饮之者一吸而尽，不暇辨味，俗莫甚焉。

灵水　灵，神也。天一生水，而精明不淆。故上天自降之泽，实灵水也。古称上池之水者非欤，要之皆仙饮也。露者，阳气胜而所散也。色浓为甘露，凝如脂，美如饴。一名膏露，一名天酒是也。《博物志》："沃渚之野，民饮甘露。"《拾遗记》："含明之国，承露而饮。"《楚辞》："朝饮木兰之坠露。"是露可饮也。雪者，天地之积寒也。《氾胜书》："雪为五谷之精。"《拾遗记》："穆王东至大槭之谷，西王母来进嵊州甜雪。"是灵雪也。是雪尤宜茶饮也。处士列诸末品，何邪？意者，以其味之燥乎？若言太冷，则不然矣。雨者，阴阳之和，天地之施，水从云下，辅时生养者也。和风顺雨，明云甘雨。《拾遗记》："香云遍润，则成香雨。"皆灵水也，固可食。若夫龙所行者，暴而霆者，旱而冻者，腥而墨者，及檐溜者，皆不可食。文子曰，水之道，上天为甘露，下地为江河，均一水也。故特表灵品。

异泉　异，奇也，水出地中，与常不同，皆异泉也。亦仙饮也。醴泉　醴，一宿酒也，泉味甜如酒也。玉泉　玉，石之精液也。乳泉　石钟乳山骨之膏髓也。其泉色白而体重，极甘而香，若甘露也。朱砂泉　食之延年却疾。云母泉　泉滑而甘。茯苓泉　山有古松者多产茯苓。金石之精，草木之英，不可殚述。与琼浆并美，非凡泉比也，故为异品。

江水　江，公也。众水共入其中也，水共则味杂，故鸿渐曰：江水中。其曰："取去人远者，盖去人远，则澄深而无荡漾之漓耳。泉自谷而溪，而江，而海，力以渐而弱，气以渐而薄，味以渐而咸，故曰水，曰润下。润下作咸旨哉。潮汐近地，必无佳泉，盖斥卤诱之也。扬子固江也。其南冷则夹石渟渊，特入首品。余尝试之，试与山泉无异。若吴淞江，则水之最下者也，亦复入品，甚不可解。

井水　井，清也。泉之清洁者也。其清出于阴，其通入于渚。脉暗而味滞。故鸿渐曰："井水下"。其曰"井水取多汲者"，盖汲多则气通而流活耳。终非佳品，勿食可也。市廛民居之井，烟灶稠密，污秽渗漏，特潢潦耳，在郊原者庶几。若山居无泉，凿井得水者，亦可食。井味咸色绿者，其源通海。井有异常

者，若火井、粉井、云井、风井、盐井、胶井，不可
枚举。而冰井，则又纯阴之寒冱也，皆宜知之。

　　绪谈　山水固欲其秀，而荫若丛恶则伤泉。今虽
未能使瑶草琼花披拂其上。而修竹幽兰自不可少。作
屋覆泉，不惟杀尽风景，亦且阳气不入，能致阴损，
戒之戒之。泉稍远而欲其自入于山厨，可接竹引之。
承之以奇石，贮之以净缸。去泉再远者，不能自汲。
须遣诚实山童取之，以免石头城下之伪。汲泉道远，
必失原味。山居之人，固当惜水，况佳泉更不易得，
尤当惜之，亦作福事也。（按：谚云，近水惜水，此
实修福之事云。这是古代水文明之一例。今天，缺
水，缺优质的饮用水，在许多地区已成事实，有些地
区也将面临缺水之苦，水已成为许多地方的稀缺资
源。节约用水，应该成为人们的共识。）山居有泉数
处，若冷泉、午月泉、一勺泉，皆可入品。其视虎丘
石水，殆主仆矣，惜未为名流所赏也。泉亦有幸有不
幸邪。要之，隐于小山辟野，故不彰耳。

　　后跋　子艺作《泉品》，品天下之泉也。予问之
曰："尽乎？"子艺曰："未也。未泉之名，有甘有醴，
有冷有温，有廉有让，有君子焉，皆荣也。在廉有
贪，在柳有愚，在狂国有狂，在安丰军有咄，在日南
有淫。虽孔子亦不饮者，有盗皆辱也。"予闻之曰：
"有是哉，亦存乎其人尔，天下之泉一也，惟和士饮
之则为甘，祥士饮之则为醴，清士饮之则为冷，厚士
饮之则为温。饮之于伯夷则为廉，饮之于虞舜则为
让，饮之于孔门诸贤则为君子。使泉虽恶，亦不得而
污之也。恶乎辱泉，遇伯封可名为贪，遇宋人可名其

愚，遇谢奕可名其狂，遇楚项羽可名为咄，遇郑卫之俗可名为淫。其遇跖也，又不得不名为盗。是泉虽美，亦不得而自濯也。恶乎荣。"子艺曰："噫！予品泉矣。子将兼品其人乎？"（按：后跋为蒋灼题。以对话形式，论泉品、人品，把品泉的话题和品人联系起来，把对自然和人文的认识，上升到哲理的高度。田艺蘅、徐献忠、蒋灼三人论泉之识，颇为一致。）

明·徐献忠《水品》，专论煎茶之水，上卷为总论，分七目；下卷为分论，记述 37 品目宜茶之泉水，为古代较早的泉水汇考。其论泉之基本内容与《煮泉小品》近似。"瀑布水不可食，流至下潭，渟汇久者，复与瀑处不类。"是对前人认识的修正和发展。

明·屠隆《茶录》对天泉、地泉、江水、井水、丹泉以及养水作了论述，提出"茶之为饮，最宜精形修德之人"。直言李德裕"水递"有损盛德，陆羽怒以铁索缚奴，残忍若此。把品茶、品水和品人整合起来，人文精神可赞。

明·张源《茶录》："品泉 茶者水之神，水者茶之体。非真水莫显其神，非精茶曷窥其体。山顶泉清而轻，山下泉清而重，石中泉清而甘，砂中泉清而洌，土中泉淡而白。流于黄石为佳，泻于青石无用。流动者愈于安静，负阴者胜于向阳。真源无味，真水无香。"吴江顾大典题《引》曰："其隐于山谷间，无所事事，日习诵诸子百家言。每博览之暇，汲泉煮茗，以自愉快，无间寒暑，历三十年，疲精殚思。"《茶录》是作者博览诸子百家，汲泉煮茗自愉，疲精殚思的精神产品。

"真源无味，真水无香"。名言也，格言也！宁和、透彻、充满清气。"真"，真源、真水、真人。"无"，无味、无香、无智、无德、无欲、无功，亦无名。天人合一，自然、平静、清

澈、淡漠无痕、空阔无边，没有目标，也无争，是一种"超尘出俗"、"超凡入圣"人生价值的体现。张源的精神世界已经进入"自由王国"，但是他在现实生活中，怀有理想、希望、目的。这就是物质与精神的统一。"真源无味，真水无香"，隐士积三十年人生感悟之大智也。至此，泉水文化升华到了一个新的高度，进入了一个新的人文境界。

明·张谦德《茶经·论烹》："择水　烹茶择水，最为切要。……据已尝者言之，定以惠山寺石泉为第一，梅天雨水次之。南零水难真者，真者可与惠山等。吴淞江水、虎丘寺石泉，凡水耳，虽然或可用。不可用者，井水也。"

明·许次纾《茶疏·择水》："清茗蕴香，借水而发，无水不可与论茶也。……今时品水，必首惠泉，甘鲜膏腴，至足贵也。往日渡黄河，始忧其浊，舟人以法澄过，饮而甘之，尤宜煮茶，不下惠泉。黄河之水，来自天上，浊者土色，澄之既净，香味自发。（按：黄河水可以煮茶。）余尝言有名山则有佳茶，兹又言有名山必有佳泉，相提而论，恐非臆说。（按：名山、名茶、名泉，相得益彰。）余所经言行，吾两浙、两都、齐、鲁、楚、粤、豫章、滇、黔皆尝稍涉某山川，味其水泉，发源长远，而潭沚澄澈者，水必甘美，即江湖溪涧之水，遇澄潭大泽，味咸甘冽，唯波涛湍急，瀑布飞泉，或舟楫多处，则苦浊不堪。盖云伤劳，岂其恒性，凡春夏水涨则减，秋冬水落则美。"

明·熊明遇《罗岕茶记》："烹茶，水之功居大。无泉则用天水。秋雨为上，梅雨次之。秋雨冽而白，梅雨醇而白。雪水天地之精也。"

明·罗廪《茶解·水》："古人品水不特，烹时所须先用以制团饼。即古人亦非遍历宇内，尽尝诸水，品其次第，亦据所习见者耳。甘泉偶出于穷乡僻境，土人藉以饮牛涤器，谁能省识？即余所历地，甘泉往往有之，如角川蓬莱院有丹井焉。不必瀹茶，亦堪饮酌。盖水不难于甘，而难于厚。……若余中隐山泉，止可与虎跑、甘露作对，较之惠泉，不免径庭。大凡名泉，多从石中迸出，得石髓故佳。沙滩为次，出于泥者多不中用。宋人取井水，不知井水只可炊饭，作羹瀹茗必不妙，抑山井耳。瀹茗必用泉，次梅水。梅雨如膏，万物赖以滋长，其味独甘。……秋雨冬雨俱能损人。雪水尤不宜，令肌肉销铄。……黄河水自西北建瓴而东，支流杂聚，何所不有。舟次无名泉，聊取充用可耳，谓其源从天来，不减惠泉，未是定论。"

明·龙膺《蒙史·泉品述》记述泉品 50 余处，多为前人著述和泉事汇考。

明·张大复《梅花草堂笔谈·试茶》："茶性必发于水。八分之茶，遇水十分，茶亦十分矣。八分之水，试茶十分，茶只八分耳。"

第四节 清代泉水文化的集成

清·王士祯《古夫于亭杂录·山东泉水》："唐刘伯刍品水，以中泠为第一，惠山、虎丘次之。陆羽即以康王谷为第一，而次以惠山。古今耳食者，遂以为不易之论。其实二子所见，不过江南数百里内之水。……不知大江以北，如吾郡发地皆泉，其著名者七十有二。以之烹茶，皆不在惠泉之下。……'翻怜陆鸿渐，跬步限江东'。"（按：批判"耳食"者之守旧，指出刘伯刍、陆羽的局限性。）

清·刘源长《茶史卷二·品水》集唐宋以来名家论泉水之大成，内容涉及山泉、江水、井水、灵水、雨水、雪水、冰水、梅水、秋水、竹沥水。《茶史卷二·名泉》记述 38 泉品。

清·汪灏《广群芳谱·茶谱》在记述茶史的同时也记述泉

水之事。从后魏杨衒之《洛阳伽蓝记》中的王肃"苍头水厄"，到明·冯时可《滇南纪略》记述的云南楚雄府城外的石马井水，时空之广，大矣。但是，主要内容为史书的编纂。

清·陆廷灿《续茶经·茶之煮》，也是古代茶书中泉水文献资料之汇编。

清·爱新觉罗·弘历《玉泉山天下第一泉记》："水之德在养人，其味贵甘，其质贵轻，然三者正相资，质轻者味必甘，饮之而蠲疴益寿。故辨水者恒于其质之轻重分泉之高下焉。"（按：古人论泉，以容重判定其质之优次，有言佳泉必重，亦有言佳泉必轻。现代水化学之研究表明，容重大小不能作为判定泉水质量之标准。）

自后魏到清康乾盛世千余年间，因饮茶渐兴，显现水的话题。唐代，知茶晓水的陆羽，以"山水上、江水中、井水下"之精辟论述，首创泉水文化，张又新又把茶圣推上"泉神"的宝座，次第泉水七品，二十品，"绘制"了一幅泉水文化"分布图"，引发了人们对烹茶用水的关注。

宋代茶文化和泉文化达到鼎盛，对泉水和煮水瀹茶的知识增加，泉性与人性交融，泉水文化之多元化格局形成，并传承到明清。今天"美恶派"、"等次派"之二元说，与史不合，有损无益。

明代《煮泉小品》、《水品》，承先启后，是唐宋泉水文化的整合。张源"茶者水之神，水者茶之体"和张大复"茶性必发于水"之说，一脉相通，表述了茶香泉味之物理。"真源无味，真水无香"，从人生哲学的高度，表述了精神超越的价值理念。

综上所述，古人论泉，主要是从宏观出发，察天地之精细，集经验之累积，悟物理之灵性，具有古代科技的一般特点，且夹掺有"文字游戏"的成分，其时代局限性，不言而喻。其偏见、谬误，甚至糟粕，也是不争的事实。

第二章　古代名泉和泉水试茶

泉为"天然物"，它是大自然的造化。大江大河的源头，山川、丘陵和平原，到处都可能有天然的泉穴，流淌着潺潺的清泉。无名之泉，多矣！数不清，记不完。以泉试茶，以名山之名泉试名山之名茶，泉事和茶事结下了不解之缘。泉一旦进入人们的"生活圈"，就有了名。历代名人的茶事活动，名人、名山、名泉、名茶，用文字记述和民间传说的形式，传承和淀积，"天然物"就化为"文化物"。

作为"文化物"的泉，依附于"天然物"的泉，并在它的基础上才能产生。区别"文化物"和"天然物"是理解泉"文化意义"的关键。"天然之泉"是水文地质科学研究的对象之一，茶文化主要关心"文化之泉"、泉香茶味。一些名泉，已经"死了"，但是其茶文化淀积丰厚，我们还记述它（如江苏丹阳观音寺水）。人跡稀至的深山密林，到处是无名之泉，丁丁东东地默默无闻地流淌了千百年，尚待人们去认识它、利用它、记述它。

第一节　泉水命名初考

泉水一旦进入了人类的生活圈，就有了名字。本书附录中记述了 747 品目泉水的名字，都是人给的。什么样的人，付给

一个什么名，与人的文化有关。各种各样的泉名，也是文化多样性特点决定的。

一、龙泉

龙是古代传说中一种有鳞、有须能兴云作雨的神奇动物。封建时代用龙作为皇帝的象征。旧时堪舆家以山势为龙，称其起伏绵亘的脉络为龙脉，气脉所结为龙穴。以"龙"为泉名，就是中国传统文化中龙的传人创造的龙文化的一种表征。

北京密云县有白龙潭，古迹有龙泉寺，寺以泉名。

山西五台县五台山下有龙泉，位于九龙冈山腰。临汾市有龙子泉。

江苏南京祈泽寺有龙泉、牛首山有龙王泉、衡阳寺有龙女泉。苏州天平山有龙口泉。扬州天宁门有青龙井。

浙江杭州有龙泓（龙井泉）。淳安县有玉龙溪飞瀑，山溪自龙口而下，水流湍急。余姚城西龙泉山有龙泉，山依泉名。乐清北雁荡山有龙湫泉。上有瀑布下有深潭，曰："龙湫"，犹言龙潭。乐清龙鼻泉，有冈似龙，鼻有窍，泉从中涌出。嵊州市剡山有五龙潭、龙藏大井。临海市北有黑龙潭三，其水三色。

安徽九华山有龙虎泉、龙玉泉、龙女泉，龙女指石，揭之得泉。六安城东龙池山有龙池水，山以水名。含山县苍山有白龙潭。休宁县齐云山有龙涎泉，水从龙口流出，似龙的唾液。休宁龙井潭瀑布，为新安江源头第一瀑。潜山县天柱山有龙井泉、万寿宫有飞龙泉。

福建永泰县有白龙井。金门岛有龙井泉。龙海市有龙腰石泉。武夷山有龙井石泉。福鼎太姥山有七龙泉。

江西安远县九龙山有九龙泉，诗云："龙泉水烹龙嶂茶。"

山名九龙，泉名九龙，茶也名九龙。龙南县有龙潭泉。德兴市有乌龙井。婺源县有龙泉井。遂川县有西龙泉。

山东济南有五龙潭、青龙泉。泰山有白龙池。莒县有卧龙泉。

湖北武昌有乌龙泉、黄龙山泉。麻城有白龙井、黑龙井。

湖南芷江侗族自治县有龙井。

广东广州白云山有九龙泉井。惠阳有龙塘泉。

广西柳江有小龙潭。靖西有大龙潭。

海南琼山有玉龙井。

重庆梁平有蟠龙泉。

四川江油兽目山有百汇龙潭。兴文县有龙王井。

云南沾益有邓家龙潭。马龙县有马龙温泉。丽江有黑龙潭。

二、锡杖泉

锡杖，梵文 Khakkhara（隙弃罗）的意译，亦译"声杖"、"鸣杖"。杖高与眉齐，头有锡环，原为僧人乞食时，振环做声，以代扣门，兼防牛犬之用。是比丘常持的十八物之一。后世称僧人游行曰："飞锡"、"巡锡"；称居住曰"挂锡"、"驻锡"等本此。卓锡，僧人在某地居留。杨载《赠惠山圣长老》诗："道人卓锡向名山，路绝岩头未易攀。"以锡杖、卓锡为泉名者，即泉事与僧人有关联，也是佛教文化于泉水之渗透，而映射出的斑斓。

江苏江浦定山观音崖下定山寺有卓锡泉。宜兴有卓锡泉，又名真珠泉，唐时泉水入贡。

安徽黄山云谷寺前有锡杖泉。含山县太湖山普明禅师塔寺西，有锡杖泉。天柱山三祖寺东卓锡峰下有卓锡泉。

湖南衡山福严寺有卓锡泉。

广东南雄大庾岭有卓锡泉。乐昌蔚岭有卓锡泉，又名蔚岭泉。相传均为六祖卓锡出泉。博罗罗浮山有锡杖泉，为梁大同中（535—545），景泰禅师卓锡。潮阳灵山有卓锡泉，相传为唐僧人大颠以杖扣石出泉。

海南琼山潭龙岭下有卓锡泉，宋时名衲和靖卓，又名和靖泉。

与佛教有关联的泉名很多。古时僧人多于山林依泉建庙，开山种茶。名刹、名泉、名茶，茶佛一味。也有寺院为生活用水之需，开凿井泉。如北京香山广泉寺，寺以泉名。湖北鄂州菩萨泉，为寒溪寺内开凿之水井。以佛教大乘菩萨命名的观音泉、地藏泉；以高僧之名为泉名的（无锡）惠泉、憨憨泉、参寥泉；还有佛眼泉、定心泉等，都有浓郁的佛教文化色彩。

三、圣泉

圣，无所不通。孔传："于事无不通谓之圣。"圣，谓道德极高，仅次于神。《孟子·尽心下》："大而化之之谓圣，圣而不可知之之谓神。"圣，谓所专长之事造诣至于极顶。如：诗圣、茶圣。圣，称颂帝王之词。如圣旨、圣驾。圣，宗教上指属于教主的。如圣地、圣徒。

江苏靖江长安寺北有圣井。

安徽九华山古圣泉寺有圣泉，寺久废，泉仍溢流不息。黄山莲花峰腰有圣水泉。萧县凤山有圣泉。

福建安溪圣泉岩有圣泉，岩以泉名。

江西进贤麻姑山麻姑观之东有圣井。

山东泰山之玉女泉，又名圣水池。

湖南溆浦有圣人山泉。

20

四川犍为小安乐窝（即圣泉漱玉）有圣泉。

贵州贵阳西郊黔灵山有圣泉。

云南大姚圣泉寺有圣泉。

内蒙古阿尔山有阿尔山温泉（可浴可饮）。"阿尔山"为蒙语"圣水"的意思。

四、廉泉和贪泉、盗泉

廉，廉洁；不贪。廉洁，清廉，清白。与"贪污"相对。《楚辞·招魂》："朕幼清以廉洁兮。"王逸注："不受曰廉，不污曰洁。"《汉书·贡禹传》："禹又言：孝文皇帝时贵廉洁，贱贪污。"贪者，爱财也，也泛指无节制的爱好。

江苏苏州法海寺有清白泉。

浙江绍兴卧龙山有清白泉。

安徽合肥包公祠左侧有廉泉（井）。

江西赣州光孝寺有廉泉。相传，有一个"官廉泉涌"的故事。婺源紫阳镇东门外有廉泉，南宋朱熹至此，挥笔题名。

山东泗水有盗泉。成语"不饮盗泉"，比喻为人正直廉洁。

广东广州西北石门山有贪泉。王勃《滕王阁序》："饮贪泉而觉爽。"意思是清官喝了贪泉水，为政更加廉洁。

五、虎跑泉、白鹤泉

虎，动物名。哺乳纲，猫科。我国有东北虎、华南虎。白虎，中国古代神话中的西方之神，后为道教所信奉。青龙、白虎、朱雀（即朱鸟）、玄武合称四方之神。《礼记·曲礼上》："行前朱鸟而后玄武，左青龙而右白虎。"

鹤，动物名。鸟纲，鹤科。鹤寿，鹤的年寿长，因用为祝寿之辞。《淮南子·说林训》："鹤寿千岁，以极其游。"王建

《闲说》诗："鹤寿千年也未神。"白：纯洁。白鹤，纯洁之鹤也。

古人赋予虎、鹤以文化内涵。泉名之文化，跃然纸上。

江苏南京有虎跑泉，具体位置不详。

浙江杭州大慈山有虎跑泉。"龙井茶，虎跑水"，茶泉双绝。鄞县灵山有虎跑泉，有诗云："灵山不与江心比，谁为茶仙补水经。"

安徽九华山西洪岭有虎跑泉，九华山摩空岭有龙虎泉。

福建泉州清源山有虎乳泉。漳浦虎山有虎泉。

江西宜丰黄檗寺有虎跑泉。

山东济南有黑虎泉、饮虎泉、金虎泉。

湖南衡山福严寺有虎跑泉。

广东广州白云山有虎跑泉。

河北井陉县苍岩山有白鹤泉。

江苏丹阳绣球山有白鹤泉。

安徽天柱山真源宫前有白鹤泉。

福建建瓯白鹤山有白鹤泉。

山东泰山升元观有白鹤泉。李昭玘《记白鹤泉》所记述的白鹤泉，泉在山东，具体地域不详。

六、第次泉名

次，等第、次第。《吕氏春秋·原乱》："乱必有第。"

唐·陆羽《茶经》分水品为上、中、下。其后，张又新《煎茶水记》分水品为第一、第二、……第二十。第一泉、第二泉……第次泉名，从此显现。

第二泉，即江苏无锡惠泉（惠山泉、陆子泉）。民间艺术家阿炳，那首象征它一生命运的《二泉映月》曲子的原名为

《惠山二泉》，明月清泉交织着艺术家温柔、凄苦、文雅、愤恨、宁静、不安诸多情感。《二泉映月》增添了惠泉的文化韵味。没有第二泉，哪来的《二泉映月》。元·张雨《游惠山寺》有"水品古来差第一，天下不易第二泉"的诗句。惠山泉之文化淀积，为中国名泉之冠。

第六泉，在江苏昆山、吴江接壤的吴淞江中。《煎茶水记》判为七品目之第六，又名六品泉。

第五泉，即江苏扬州大明寺井，清·李斗《扬州画舫录》围绕"第五泉"引发出一系列泉事记述，"第五泉"又升格为"天下第五泉"。

第六泉，在江西庐山招贤寺下方桥。张又新《煎茶水记》判定为二十品目之第六，故名。因为《水记》说为陆羽判定，又名陆羽。

第三泉，在湖北浠水凤栖山。张又新《煎茶水记》判定为二十品目之第三。也名陆羽泉。

江北第一泉，在江苏仪征。

天下第一汤，在云南安宁市。安宁温泉古称碧玉泉。明·杨慎《浴温泉序》中赞誉温泉七大特色后说："虽仙家三危之露，佛地八功之水，可以驾称之，四海第一汤也。"明代旅行家徐霞客也说："余所见温泉，滇南最多，此水实为第一。"

四个"天下第一泉"。即江西庐山康王谷谷帘泉、江苏镇江中泠泉、北京玉泉山玉泉和山东济南趵突泉。前二泉为张又新《水记》第次。玉泉为乾隆帝赐封。趵突泉相传也是乾隆帝赐封。蒲松龄《趵突泉赋》有"海内之名泉第一，齐门之胜地无双"之句。

还有一个"第三泉"——江苏苏州虎丘石井，也是《煎茶水记》第次；浙江杭州虎跑泉，有人第次为"第四泉"；江西

弋阳万寿泉，有"信州第三泉"之称，相传，还是陆羽第次的呢；安徽怀远白乳泉，有"天下第七名泉"之称，是北宋元祐七年（1092）苏轼赴杭路过游此时誉定的；湖北宜昌蛤蟆泉，《煎茶水记》第次排名为六，后来第次为四，陆游有诗云："巴东峡里最初峡，天下泉中第四泉"；广东番禺鸡爬井，有"南岭第一泉"之称，因为是学士黄谏谪广州时品第，故又有学士泉之名。

最后，说一个文化价值取向与上述不同的品外泉。和排名次、争次第不同，自称为品第之外，与世无争。泉在江苏南京。同治十三年（1874）《上、江（上元、江宁）县志》："而西崎乎大江者，曰摄山，前有妙因寺，寺后有古佛庵，左折为品外泉。石莲中擎，凿穴引水，滥泉涌出，复折而下，潺湲成音。曰品外泉者，为陆羽解嘲也。"一语道破，言简意赅。

七、人名泉名

以人名为泉名，也很普遍。前面已说了以僧名为泉名。

陆羽著《茶经》，后人以其茶事无所不通，称"茶圣"；张又新著《水记》，又将精通水事的陆羽，推崇为"泉神"，陆羽泉多矣。

江苏无锡惠泉，又名陆子泉。苏州虎丘石泉，又名陆羽泉。

福建建瓯有陆羽泉。宋·杨亿《陆羽井》诗云："陆羽不在此，标名慕昔贤。"伪托也。

江西庐山第六泉，又名陆羽泉。上饶广教僧舍有陆羽泉，陆羽曾定居于此，开山种茶，汲泉烹茗，名符其实。江西瑞金有陆公泉。此陆公非陆羽，乃宋代县令陆蕴。看来古人也会做文字游戏。

湖北浠水有陆羽泉，又名第三泉。湖北天门有文学泉，又名陆子井。相传陆羽曾在此汲泉品茶。

湖南郴州有陆羽泉。宋·张舜民《郴州》诗云："枯井苏仙宅，茶经陆羽泉。"

名人名泉很多，下面列举一些。

以六一居士欧阳修命名的六一泉，一在浙江杭州，一在安徽滁州。

以苏轼为名的东坡泉，一在浙江临安，一在江西泰和。

以黄庭坚（自号摩围老人）为名的摩围泉，在安徽天柱山。

以蒲松龄（柳泉居士）为名的柳泉，在山东淄博。人以泉名，泉以人名。

以范文正为名的范公泉，在山东青州。

以卢仝（玉川子）为名的玉川井，在河南济源。

以陆游为名的陆游泉，又叫三游洞潭水，在湖北宜昌。

以寇准（寇莱公）为名的莱公泉，一在广东雷州市，一在湖南常德。

以孔子为名的孔子泉，在重庆巫山。

八、以数字为泉名

一亩泉，在北京西山。一勺泉，一在江苏南京，一在浙江杭州。一线泉，在福建泉州。一滴泉，一在江西庐山，一在江西上饶。一碗泉，在云南鹤庆。

二泉，在江苏无锡。双井，

一在浙江杭州，一在江西修水。双泉井，在安徽歙县。双口井，在安徽休宁。双蛑泉，在安徽九华山。二相泉，在福建泉州。

三叠泉，一在北京延庆，一在安徽黄山，一在江西庐山。三悬潭，在浙江嵊州。三角泉，在安徽九华山。三昧泉，在安徽黄山。三仙矼，在河南信阳。三眼井，在湖北天门。三泉，在陕西勉县。

四眼井，在江苏扬州。四井泉，在湖南郴州。大四方井，在湖南芷江。

五龙潭，一在浙江嵊州，一在山东济南。五龙泉，在山东济南。

六泾泉，在江苏苏州。六泉，在安徽九华山。六八泉，在江西泰和。

七宝泉，在江苏苏州。七布泉，在安徽九华山。七龙泉，在福建福鼎。

八功德水，在江苏南京。八卦泉，在江苏南京。八眼井，在安徽歙县。八泉，在广东翁源。

九曲泉，一在安徽天柱山，一在福建福鼎。九仙泉，在福建仙游。九龙泉，一在江西安远，一在广东广州。九龙潭，在江西泰和。九女泉，在山东济南。九曲池水，在湖南汝城。九眼井，在广东广州。

百泉，一在河北邢台，一在河南辉县市。百谷泉，在山西长子县。百丈泉，在江苏南京。百脉泉，在山东寿光。百汇龙潭，在四川江油。百刻泉，在贵州平坝。

千尺泉，在安徽九华山。千秋泉，在安徽黄山。千泪泉，在新疆拜城。

万寿泉，在江西弋阳。万石湾水，在湖北石首。

九、泉水的其他命名

以山名为泉名。如小汤山温泉、小山泉、鸡鸣山泉等。

以寺庙名为泉名。如观音寺水、城隍庙泉、莲花庵泉等。

以泉性为泉名。如涌泉、甘泉、蜜泉、温泉、热泉、沸泉、清泉、香泉、玉泉、乳泉、珍珠泉、笑泉、潮泉、瀑布泉等。

第二节 泉水故事

《史记·太史公自序》：“余所谓述故事，整齐其世传，非所谓作也。”泉水故事，乃世传之泉水旧事。某些借助想象和幻想，把自然之泉拟人化的神话故事，不是现实生活的科学反映，而是生产力水平低的古代条件下，历史局限性的映现，其中也隐含人们的价值观念和人生追求。

一、承德避暑山庄的来历

承德避暑山庄和外八庙风景名胜区，坐落在冀北山地承德盆地。山庄和寺庙皆建于清代康乾年间。避暑山庄为我国最大、最优秀的皇家园林，热河泉位于山庄东沿。清康熙四十年（1701）腊月十一日，康熙首次到武烈河谷，发现一泓清泉，水雾蒸腾。7个月后，康熙四十一年六月十四日，康熙二勘武烈河谷，清澈、见底的河水，雾气弥漫的清泉，真山实水，清泉碧波，康熙被承德盆地的北国山水风光陶醉了，诗兴勃发："君不见，罄锤峰，独峙山麓立其东。君不见，万壑松，偃盖重林造化间。"正式颁令兴建热河行宫，后更名避暑山庄。康熙四十二年行宫于武烈河西岸动工，康熙五十二年筑行宫围城。

雍正元年（1723）置热河厅，治所在今承德市。民国 17 年（1928）设热河省，1956 年撤消，分别并入河北、辽宁和内蒙古。这就是由一个泉引发的历史。

二、高氏父子泉泉名的由来

高氏父子泉，在江苏武进市阳湖安丰乡南芳茂山大林庵。高绅早岁寓横山冲虚观，泉味极甘，谓可比惠泉，惜不入陆鸿渐品第。太平兴国中，以大宰少卿出宰故里。天圣时，命其子夷直为尉，俾就养焉。首访是泉，废已久，至是复腾涌。郡别驾董黄中作诗序其事，名高家父子泉。

以泉事有关之人名为泉名者，多矣。但以两代人之泉事名者却不多。

三、东坡与参寥的故事

东坡《应梦记》云："仆在黄州日，参寥自吴中来访，一日梦此僧赋诗，觉而记两句云：寒食清明都过了，石泉槐火一时新。后七年，仆出守钱塘，此僧始卜居西湖智果院，院有泉出石隙间。寒食之明日，仆与客泛湖，自孤山来谒。参寥子汲泉钻火，烹黄蘗茶。忽悟予梦诗兆于七年前，众客皆叹。遂书始末并题之，非虚语也。"参寥泉在杭州上智果寺，东坡以僧之名为泉名。7 年前的梦里蝴蝶，成了真实。真是无巧不成书。

四、武水幽澜的美丽传说

幽澜泉在浙江嘉善城东武水北景德寺。相传，有僧见一女子厉声曰："窗外何家女？"应曰："堂中何处僧？"逐之忽隐，掘得石刻，有"幽澜"二字。石下得泉，大旱不竭，煮茶无

28

滓，盛水经宿，而味不变。邑人盛唐有记八景之一曰"武水幽澜"。宋·张尧同《幽澜泉》诗云："神女钟灵处，真堪疗渴恙。满罂秋玉色，一酌洒清凉。"

五、王安石坐石忘归

宋·王安石《山谷泉》："水无心而宛转，山有色而环围，穷幽深而不尽，坐石山以忘归。"诗人置身于山水美景，留恋忘归。山谷泉在安徽天柱山马祖寺西山谷间，源于卓锡峰西，经十里藏桃，过石牛洞，至西林桥出谷口。两岸崖壁巉削，松萝丛覆，流水潺潺，宛转清冽。

六、李白和聪明泉

聪明泉在安徽宿松鲤鱼山南麓。李白于唐至德二年（757）来宿松休闲，游福昌寺，偶见石径有蚁成群，"有蚁必有泉"，撬石，清泉涌出。僧人誉其聪明，故名。现寺废泉存。旧时寺僧汲泉煮茶，有"罗汉荡茶，聪明泉水"之说。罗汉荡，宿松县北名山，产名茶。

七、苏东坡蕉溪试茶

苏轼（1037—1101）北宋文学家、书画家。字子瞻，号东坡居士，四川眉山人，嘉祐进士。神宗时曾任祠部员外郎，知密州、徐州、湖州。因反对王安石新法，以作诗"谤讪朝廷"罪贬谪黄州。哲宗时任翰林学士，曾出知杭州、颖州，官至礼部尚书。后又贬谪惠州、儋州。最后北还，病死常州，追谥文忠。苏轼一生与茶泉难解难分，留下了诸多的茶事、泉事和茶诗、泉诗。就在被贬南迁时，仍以蕉溪水试锅坑的雨前茶。《舟次浮石》诗有"浮石已干霜后水，蕉溪闲试雨前茶"之句。

好一个"闲试"！就在贬谪时，心境仍明白畅达，可谓"大家"风度。蕉溪在江西南康市西南，源出锅坑，流至浮石，入章水。锅坑、蕉溪一带产茶甚佳，有"锅坑茶，蕉溪水"之称。

八、紫气东来虹井泉

传说老子出函谷关，关令尹喜见有紫气从东而来，知道将有圣人过关。果然老子骑了青牛前来，喜便请他写下《道德经》。后人因以"紫气东来"表示祥瑞。北宋绍圣四年（1097）朱松（朱熹父）出生时，朱家院内井泉中气吐如虹；南宋建炎四年（1130）朱熹出世时，井中紫气如云，彩虹东映。故立"虹井"巨碑，下刻朱松井铭。明正统间，知县陈斌建"虹井亭"。现井、亭已废。遗址在江西婺源县紫阳镇南街文公阙里。明·汪伟《虹井》诗云："韦斋（朱松）当日浚源深，一旦虹光出井阴。道学上传洙四远，余波千载淑人心。"

九、孝子之心感动天地

孝感泉在江西丰城市西南 40 公里道人山。南宋绍兴（1131—1162）中少卿曹戬避地寓此。其母嗜茗饮，山初无井，戬乃斋戒吁天，掘地才尺，清泉涌溢，味甚甘冽。孝子之心感天地，故名孝感泉。

十、雷公井和龙舞茶

相传，很久以前有一年，东涧山区久旱无雨，山泉断流，草枯木死，男女老少齐往主峰大乌山焚香祈雨，结果感动了观音菩萨，瞬间狂风四起，乌云滚滚，霹雳一声，在山坡下开出一口泉井来，后人称之为雷公井。又有一天，天空乌云翻滚，一条绿色的彩龙，飞舞在雷公井上空，瞬间山坡上长出几十棵枝叶茂盛的茶树，后人称之为龙舞茶树，所制的龙舞茶，清凉甘爽，回味无穷。雷公井在江西吉安。"雷公井和龙舞茶"的故事，至今还流传在当地民间。

十一、廉泉、贪泉和盗泉

晋吴隐之，字处默，操守清廉，为广州刺史，未至州二十里，地名石门，有水曰贪泉。相传饮此水者，即廉士亦贪。隐之至泉所，酌而饮之，因赋诗曰："古人云此水，一歃怀千金；试使夷齐饮，终当不易心。"及在州，清操愈厉。见《晋书·吴隐之传》。王勃《滕王阁序》："酌贪泉而觉爽，处涸辙以犹欢。"

范柏年见宋明帝，帝言次及广州贪泉，因问柏年："卿州复有此水下？"答曰："梁州有文川、武乡、廉泉、让水。"又问："卿宅在何处？"曰："臣所居廉、让之间。"帝嗟其善答。见《南史·胡谐之传》。后因以"廉泉让水"指风土习俗淳美的地方。

孔子过于盗泉，渴矣而不饮，恶其名也。见《尸子》。后以"不饮盗泉"比喻为人正直廉洁。司马贞索隐："不仕暗君，不饮盗泉，裹足高山之顶，窜迹沧海之滨。"见《史记·伯夷列传》。

孔子拒绝，范柏年远离，吴隐之饮贪泉而不易清廉之心，都是古人道德高尚的表现。贪泉在广州北二十里石门。盗泉在山东泗水。

十二、菩萨泉和东坡饼

菩萨泉在鄂州西山寒溪寺前。井泉为东晋建武元年（317）慧远主持寒溪寺后，扩建庙宇寺观时，于寺前开凿。几年后，武昌太守陶侃携文殊菩萨金像一尊赠予寒溪寺，后慧远去庐山

31

创建东林寺时，将文殊菩萨金像带走，众僧侣深情难舍。一日，僧人临井汲水，见泉井中文殊的灵光圣影，还有慧远的身影，轰动寺宇内外，众僧言是菩萨显灵，遂名菩萨泉，从此寒溪寺也改名灵泉寺。

相传，苏轼游西山时，对菩萨泉情有独钟，常汲泉煎茗，以"助诗兴而云山顿色"，感叹曰："志绝尘境，栖神物外，不伍于世流，不污于时俗。"苏轼还以菩萨泉代美酒馈送友人，并吟出了"送行无酒亦无钱，劝尔一杯菩萨泉。何处低头不见我，四方同此水中天。"灵泉寺和尚投苏轼所好，用菩萨泉水调制面饼给他吃，酥饼脆香，滋味尤胜，令人叫绝。从此这种酥饼便成了西山传统名点，并称东坡饼。

十三、尝水愧叹的笑话

明·袁宏道《识张幼于惠泉诗后》：余友麻城丘长孺，东游吴会，载惠山泉三十坛之团风。长孺先归，命仆辈担回。仆辈恶其重也，随倾于江。至到灌河，始取山泉水盈之。长孺不知，矜重甚。次日，即邀城中诸好事尝水。诸好事如期皆来，团坐斋中，甚有喜色。出尊，取磁瓯盛少许，递相议，然后饮之。嗅玩经时，始细嚼咽下喉中，汩汩有声，乃相视而叹曰："美哉！水也！非长孺高兴，吾辈此生何缘得饮此水？"皆叹羡不置而去。半月后，诸仆相争，互发其实事，长孺大恚，逐其仆。诸好事之饮水者，闻之愧叹而已。

十四、重见天日的文学泉

清乾隆三十三年（1768），天久旱不雨，居民掘池求水，乃发现刻有"文学"字迹的断碑一块，并觅得泉水，清澈甘冽，随即甃井建亭，立碑以志，文学井遂得以重见天日。相传，陆羽曾在此汲水品茶。因其曾拜太子文学太常寺太祝之职（未就），故以其官职"文学"名泉。文学泉又名陆子井，俗称三眼井，在湖北天门城北门外。

十五、照面遗踪话屈原

相传，屈原从小不仅读书用功，且爱清洁，洗脸后都对着响鼓溪水梳理照面。由于他听说井泉清澈如镜，就决计挖井泉供姐姐女嬃和自己照面。屈原读书之余，挖井不止，但收效甚微。屈原挖井感动了伏虎山神，借结金镐一把，并嘱屈原，井成后在七七四十九天里，每天要迎着太阳，凝望伏虎山，直到用你的眼神将井泉养出佛光，方可告人。屈原恪守神嘱，井成后，又终于将井泉养出了佛光。一日，屈原与女嬃遥望伏虎山，说"姐姐，你看到了什么？"女嬃抬头一看，见半山腰悬挂着一面巨大的宝镜，灿灿发光，映现出姐弟俩的面容身影。乡亲们也沾了宝镜的光，故名照面井。清·向谨斋《照面井》："深山一井涌寒泉，照面遗踪话昔年；人杰地灵都还俗，常教野径锁云烟。"

照面井位于湖北秭归屈原故里香炉坪东侧伏虎山西麓，古井旁有大青古树一株和大柞古树一株并立。旁有"照面井"石碑碑刻，还有小字的井铭："予白退迩人等，此系屈公遗井，特遵神教，重新整顿，以后切勿荒秽，倘若故违，定遭天谴。此株青树，永世勿得砍伐。三间阁坛弟子同修。皇清咸丰十年（1860）七月十二日立"古井傍岩礐砌，井口浑圆古朴，周围石雕护栏，水味甘美冽爽宜茶，清明如镜，可以照人。

十六、仁宗降旨封赐曾氏忠孝泉

五代南汉时，程乡县令曾芳以仁爱为政。因民苦瘴，给

名泉名水泡好茶

药愈之，而来者接踵，乃为大囊药投井中，令民汲水饮之皆愈。宋皇祐间（1049—1054），狄青征侬智高，经此，军士疾病，祷井水溢，饮之尽愈，旋师奏凯，首以为言，仁宗降旨，封芳为忠孝公，又赐飞白书："曾氏忠孝泉"五字，以扬其美德。曾氏忠孝泉在广东程乡县西一里，治今广东梅州。

十七、景泰禅师卓锡泉涌

梁大同中（535—546），景泰禅师驻锡于广东博罗县西北五十里罗浮山，其徒以无水难之，师笑不答。因卓锡，泉涌而出。味甘殊胜。宋·苏轼云："予饮江淮水，弥年觉水腥，以此知江甘于井。来岭外，自扬子江始饮江水，至南康水益甘，入清远峡味亦益胜。今饮景泰禅师卓锡泉，则清远峡水又在下矣。"

十八、抗金被贬，临高得泉

胡铨（1102—1180）南宋吉州庐陵（今江西吉安）人，字邦衡，号澹庵。建炎进士。金军渡江时，他在赣州募义兵，保卫乡里。后至临安（今浙江杭州）任枢密院编修官。绍兴八年（1138）秦桧主和，金使南下称招谕江南，他上疏请杀秦桧和使臣王伦、参政孙近，因而谪居新州，移吉阳军（今海南三亚西崖城）。绍兴三十二年孝宗即位，又被起用。胡铨贬谪南迁，经临高时，遇旱，觅得此泉，甘而洌。后人为纪念他的爱国精神，故名澹庵泉。

十九、黄庭坚煮茗丹泉井

黄庭坚（1045—1105）北宋诗人，书法家。字鲁直，号山

谷道人、涪翁，分宁（今江西修水）人。治平进士，以校书郎
为《神宗实录》检讨官，迁著作佐郎。后以修实录不实的罪
名，遭贬谪。黄庭坚谪黔时，逆大江，过三峡，经彭水，寓凤
凰山开元寺，汲井煮茗，泉水味甚甘洌，因题丹泉井。明县令
曹栋有碑。

二十、玉女津泉薛涛井

薛涛，唐代女诗人。相传，成都望江楼公园有薛涛井，是
诗人命工匠汲水造纸的泉井。因年久无从查究，历代以玉女津
泉替代薛涛井。玉女津泉水质晶莹澄澈，沁人心脾，故名。人
们为了纪念这位女诗人，将错就错。有诗云："分明玉女甘泉
液，遐迩闻名袭薛涛。"薛涛井位于崇丽阁正南浣笺亭畔。

二十一、报国灵泉僖宗赐

宋·陆游有诗题为《过武连县北柳池安国院，煮泉试日铸
顾渚茶，院有二泉皆甘寒，传云唐僖宗幸蜀，在道不豫，至此
饮泉而愈，赐名报国灵泉云》。陆游于乾道六年（1170）、八年
二次入川，诗题记述了300年前唐僖宗饮泉疗疾的故事和报国
灵泉的来历。武连县柳池镇在古蜀道。

二十二、泉上有老人，隐见不可常

宋·苏洵《老翁井铭》："往岁十年，山空月明，天地开
霁，则常有老人苍头白发，偃息于泉上。就之，则隐而入于
泉，莫可见。盖其相传以为如此者久矣。因为作亭于其上，又
甃石以御水潦之暴，……而为之铭曰：'山起东北，翼为南西，
涓涓斯泉，垄溢以弥，敛以为井，可饮万夫。汲者告吾，有叟
于斯。里无斯人，将此谓谁？山空寂寥，或啸而嘻，更千万

年，自诘自好，谁其知之？乃讫遇我，唯我与尔，将遂不泯。无竭无浊，以永千祀'。"见《嘉祐集》卷一五。苏洵（1009—1066）北宋散文家。字明允，眉山（今属四川）人。老翁井在眉山市蟆颐山东 20 里。梅尧臣寄苏洵诗云："泉上有老人，隐见不可常。苏子居其间，饮水乐未失。渊中必有鱼，与子自徜徉；渊子苟无鱼，子特玩沧浪。日月不知老，家有刍凤凰。百鸟戢羽翼，不敢言文章。……方今天子圣，无滞彼泉旁。"

二十三、嗜茶相公停水递

李德裕在中书，尝饮惠山泉，自毗陵（今江苏常州）至京置递铺。有僧人诣谒，德裕好奇，凡有游其门者，虽布素皆接引。僧白德裕曰："相公在中书，昆虫遂性，万汇得所，水递一事，亦日月之薄蚀，微僧窃有惑也，敢以上谒，欲沮此可乎？"德裕额之曰："大凡为人，未有无嗜者，至于烧篆，亦是所短，况三惑博塞弋奕之事，弟子悉无所染，而和尚不许弟子饮水，无乃虐乎？为上人停之，即三惑驰骋，怠慢必生焉。"僧人曰："贫道所谒相公者，为足下通常州水脉，京都一眼井与惠山泉脉相通。"德裕大笑曰："真荒唐也！"曰："相公但取此泉脉。"德裕曰："井在何坊曲？"曰："昊天观经常经库后是也。"因以惠山一罂、昊天一罂，杂以八罂，一类十罂，暗记出处，遣僧辨析。僧因啜尝，取惠山、昊天，余八瓶同味。德裕大加奇叹，当时停水递，人不苦劳，浮议乃弭。见唐人《玉泉子》。

二十四、霍去病鞭击五泉涌

相传，汉元狩三年（公元前 120），霍去病率领 20 万众西征匈奴，在炎炎烈日之下，经长途行军，将士们来到河西走廊的皋兰山北麓时已口渴舌燥，可是四处无水，大将霍去病得知后带领将士亲自探山寻水，但折腾了半天没有找到一条溪、一口泉。这时不少战马已干渴倒地，战士们横卧竖躺地在干渴中挣扎。霍去病见此情景，更是心急如焚，于是急中生智，抽出了马鞭，对着皋兰山连抽五鞭，抽出了一座有五眼清泉的山。顿时，人欢马叫，20万大军士气猛增。山也因有五泉，名五泉山。五泉山在甘肃兰州市南 2.5 公里，地处黄河南岸，属皋兰山余脉，古木翁郁，楼阁层叠，雄奇清新，现为五泉山公园，因有甘露泉、掬月泉、摸子泉、惠泉、蒙泉，故名。霍去病（公元前 140—前 117）西汉名将。河东平阳（今山西临汾西南）人。官至骠骑将军，封冠军侯。元狩二年（公元前 121）两次大败匈奴贵族，控制河西地区，打开了通往西域的道路。

二十五、昆仑仙境 天镜神池

新疆乌鲁木齐市东 90 公里处天山上的天池，古称瑶池。相传是西王母宴请周穆王的昆仑仙境，有"天境"、"神池"之称，故名天池。唐·李商隐有诗云："瑶池阿姆绮窗开，黄竹歌声动地哀；八骏日行三万里，穆王何事不重来。"

二十六、渔夫潭底救日月

相传，有一对恶龙吞食了太阳和月亮后，潜藏潭中。从此天地漆黑，昼夜无分，猎人打不到禽兽，农夫种不出庄稼。后来，勇敢的渔夫大尖哥和水社姐夫妇潜入潭底，杀掉了恶龙，夫妇俩也同归于尽。救出了日月，天地重现光明。为了纪念渔夫救日月，故名日月潭。日月潭在台湾南投县，为台湾岛最大

名泉名水泡好茶

的高山湖泊，潭的北半部，形似日轮；潭的南半部，形似弯月，故名。

第三节　泉水艺文

唐代以来，有许多泉水记述文。如：唐·独狐及《慧山寺新泉记》；宋·欧阳修《浮槎山水记》、《大明水记》；宋·李昭玘《记白鹤泉》；元·陈基《炼雪轩记》；明·张岱《禊泉》、《阳和泉》；清·乾隆《玉泉山天下第一泉记》等等。现录泉水艺文二篇，供读者鉴赏。

趵突泉赋　蒲松龄

泺水之源，发自王屋。为济为荥，时见（现）时伏。下至稷门，汇为巨渎，穿城绕郭，汹汹相续。自开府之品题，成游人之胜瞩。朱槛拂人，丹楼碍目，云是旧时所为，当年所筑。尔其石中含窍，地中藏机，突三峰而直上，散碎锦而成漪，波汹涌而雷吼，势滰洞而珠垂。砰硠兮三足鼎沸，鞺鞳兮一部鼓吹。沈鳞骇跃，过鸟惊飞。羌无风而动藻，径上栏而溅衣。夜气长薰，涛声不断。沙阵抟云，波纹似线。天光徘徊，人影散乱。快鱼龙之腾骧，睹星河之显现。未过院而成溪，先激沼而动岸。吞高阁之晨霞，吐秋湖之冷焰。树无定影，月无静光，斜牵水荇，横绕荷塘。冬雾蒸而作暖，夏气缈而生凉。其出也，则奔腾澎湃，突兀匡襄，噌噌吰吰，焰翠色以盈裳；其散也，则石沈鹘落，鸟堕蝶飓，泯泯棼棼，射清泠以满

38

中国茶文化丛书

眶。其清则游鳞可数，其味则瀹茗增香。海内之名泉
第一，齐门之胜地无双。迨夫翠华东，警跸至，天颜
喜，词臣侍，爰飞鸾凤之书，写成蝌蚪之字，如飞燕
之凌风，似惊鸿之舒翼，穿碑临池，辉影万世。东海
之游人顾而叹曰："幸哉泉乎！滔滔滚滚，几百千年，
夜以继昼兮，无一息之曾闲。谁知千载而下兮，邀圣
主之盘桓。诚一时之隆遇兮，觉色壮而声欢。"乃歌
曰："东园杨柳树，西园桃李花。不逢邹生吹煖律，
空同苔莓老山家。喜澜腾之小技，乃分太液之余华。"
邹生、邹衍，战国时人。相传邹衍善于吹律，能化寒
为温。汉·刘向《别录》："燕有寒谷，邹衍吹律，温
气乃至。"

按：赋者，古诗之流也。讲究文采，韵节，兼有诗歌和散
文的性质，接近于散文的为"文赋"，接近于骈文（以双句为
主，讲究对仗和声律的文体。）的为"骈赋"、"律赋"。本文为
骈赋文体。记述了泉之源头，泉之地理，泉之突趵，泉之风
景，泉之品第，泉之文化等。

39

荷露烹茶赋　纪　昀

作者自注：以胜情韵事，合补《茶经》为韵。

伊荷盖之亭亭，承露华之晶莹。含新碧而澄鲜，
漾微波而不定。凉生殿阁，空明足涤夫烦嚣；清带烟
霞，含咀弥增夫佳兴。银塘流润，灵津之渗漉方浓；
石鼎烹香，别调之氤氲殊胜。观其希微有迹，沾洒无
声。暖暖上浮，夜气涵空以虚白；泠泠下坠，云浆化
水以轻清。譬以醴泉，尚未离乎泥滓；方诸甘雨，似

更得其精英。饮其皎洁之风，已堪延爽；杂以芳馨之味，倍足怡情。尔乃莲渚横烟，桂轮低晕。花花映水，一湾碧玉沦涟；叶叶含滋，十里绿云远近。掬才盈手，俨金掌以高擎；圆自如规，讶晶球之转运。虽非去天尺五，仰承云表之神膏；居然在水中央，远绝世间之尘氛。松花兰气，试旋煮以清泠；雷荚冰芽，觉莫名其风韵。则有活火初煎，瑞云新试。素涛乍泻，宛然白乳之凝花；绿脚轻垂，犹似青钱之滴翠。贵甘贵滑，性本相宜；以色以香，美无不备。餐同沆瀣，殆欲化于虚无；沃胜醍醐，更不参以膏腻。琼浆滴沥，何须玉屑相和；芳润依稀，亦似木兰所坠。浮华沉沫，忽思对雪之清吟；回味生凉，无取添酥之故事。于是缕泛银丝，膏熔金蜡。沸声乍起，滑流圆折之珠；水气潜濡，润滴方渚之蛤。虽受人间之烟火，高洁自如；本为花上之菁华，芳鲜微杂。味含淡泊，醇酿与辛烈皆非；气得冲和，苦冽与甘寒相合。飘飘意远，都忘溽暑之蒸濡；习习风生，但觉清虚之吐纳。夫井华朝汲，既有前闻，雪液冬煎，亦传往古。兹茗碗之闲供，独莲塘之是取。张而似盖，以仰受而得多；圆者如盂，惟中虚而能聚。天厨品味，又新之记犹遗；中禁传方，鸿渐之经宜补。况乃委素流甘，露本仙人之酒；中通外直，莲为君子之花。毓卉木之香灵，是生瑞草；沧心源之意智，凤贵真茶。和内调神，气相资而得益；漱芳沥液，味交济而弥嘉。非如琼爵铜盘，惟讲求于方术；亦异蝉膏凤髓，但矜尚以奢华。彼夫宝瓮之坛，荒唐无据；丹邱之国，附会不经。孰若翠釜承来，液化云英之水；金芽煎试，膏凝天乳之星。感召嘉祥，五色先征其献瑞；和平血气，万年即可以延龄。伊火齐而水洁，得虑淡而神宁。固将澄其静虚之体，而游于汤穆之庭；岂若论茶源者意取诸悦口，辨水源者智上于挈瓶也哉？（见《纪文达公遗集》卷二）

按：本文为骈赋。"委素流甘，露本仙人之酒；中通外直，莲为君子之花。"作者以仙人之酒，君子之花，赞誉荷露与莲花。唱出了"天厨品味，又新之记（即《煎茶水记》）犹遗；中禁传方，鸿渐之经（即《茶经》）宜补"的最高音。作者是评水品茶的名士，更是清代中叶一位文坛巨匠。《荷露烹茶赋》当属古代茶文化百花园中一支秀丽悦人的奇葩。

第三章 历代名泉煮茶诗选欣赏[*]

第一节 唐 代

西塔寺陆羽茶泉 裴 迪

《统签云》：此诗杨慎①以为见之石刻。然羽自在大历后，则非迪诗矣。

> 竟陵②西塔寺，踪迹尚空虚。
> 不独支公③住，曾经陆羽居。
> 草堂荒废蛤，茶井冷生鱼。
> 一汲清泠④水，高风味有余。

（见《全唐诗》一二九卷）

【注】

①杨慎：字用修，号升庵，明代文学家。 ②竟陵：古地名，故址在今湖北天门市。 ③支公：指晋代高僧支道林，也称支遁。 ④泠：轻貌。

【评】

竟陵西塔寺泉之所以引人重视，显然与支道林、陆羽有关，尤其是

＊ 本章诗词的注释和评论，由安徽大学中文系朱世英先生撰写。

后者。宋人吴则礼在《清谷水煎茶》诗中吟道："竟陵、谷帘定少味，唤取阿羽来说尝。"谷帘被张又新借陆羽之名列为天下第一泉，此则将竟陵与之相提并论，可见其品位之高。总之，一经陆羽品题，则身价百倍，即使"少味"也无妨。

与元居士青山潭饮茶　释灵一

野泉烟火白云间，坐饮香茶爱此山。

岩下维舟不忍去，青溪流水暮潺潺。

（见《全唐诗》八九〇卷）

【评】

青山潭不详所在，谓之"野泉"。隐约勾画出它澄洁鲜活的面貌。"烟火"着力点染煎水烹茶的场景，"白云"则以烘托泉的位置之高。面对如此清泠的泉水，如此明丽的山光，游者怎能不为之一唱三叹，流连忘返。

六羡歌　陆羽

不羡黄金罍①，不羡白玉杯。

不羡朝入省，不羡暮入台②。

千羡万羡西江水③，曾向竟陵城下来。

（见《全唐诗》三八〇卷）

【注】

①罍（léi）：一种盛酒容器。　②省、台：古代高级官署，如中书省、御史台。　③西江水：在竟陵城西，县志载："襄江一派，从城下过，通云社泉，约数十道云。"

【评】

诗题为"六羡"，其实其中四者为"不羡"，不羡酒，实即羡茶，不羡官场，实即羡慕山林，另二者为"羡水"，羡水也包含羡茶。茶圣谈

43

茶如此含蓄，表现出他的修养工夫。

与孟郊洛北野泉上煎茶　　刘言史

> 粉细越笋芽①，野煎寒溪滨。
> 恐乖②灵草性，触事皆手亲。
> 敲石取鲜火，撇泉避腥鳞。
> 荧荧爨风铛③，拾得坠巢薪。
> 洁色既爽别，浮氲④亦殷勤。
> 以兹委曲静，求得正味真。
> 宛如摘山时，自啜指下春。
> 湘瓷泛轻花，涤尽昏渴神。
> 此游惬⑤醒趣，可以话高人。

（见《全唐诗》四六八卷）

【注】

①越笋芽：产于会稽日铸山的雪芽茶，欧阳修称之为两浙草茶之冠。此泛指两浙草茶之精品。　②乖：违反、背离。　③爨（cuàn）：烧火烹煮。铛（chēng）：平底锅，泛指温器。　④氲（yūn）：即"氤氲"，亦作"絪缊"。水气或光色混合动荡貌。　⑤惬（qiè）：舒心畅意。

【评】

用野泉烹茶，敲石取火，尽情烹用，身心和自然十分贴近，几乎达到彼此相浑融的境界。一个"野"字把泉和茶的原色原味以及洗涤心源后的人的本性都充分地表现出来。

题陆鸿渐上饶新开茶舍　　孟　郊

> 惊彼武陵①状，移归此岩边。
> 开亭拟贮云，凿石先得泉。

　　　　啸竹引清吹，吹花成新篇。

　　　　乃知高洁情，摆落区中②缘。

（见《全唐诗》三七六卷）

【注】

　　①武陵：旧县名。治所在今湖南常德市。此指武陵渔人探访过的桃花源，是不染世尘的乐土。详见晋·陶渊明《桃花源记》。　②区（qiū）中：此指尘世，有限的生活空间。

【评】

　　水是生命的泉源。游牧民族固然要"逐水草而居"，非游牧民族也需有水才能安居乐业。陆羽在上饶开山种茶获得成功，就因凿石得泉。不但生活有了依靠，还可尽情享尝好的茶水，茶是自己精心培植的，水属"石池漫流"一类，两者相得益彰，充分发挥出它们固有的物性。

谢庐山僧寄谷帘水　　张又新

　　　　消渴茂陵客①，甘凉庐阜泉。

　　　　淀从千仞石，寄逐九江船。

　　　　竹柜新茶出，铜铛活火煎。

　　　　育花池晚菊，沸沫响秋蝉。

　　　　啜意吴僧共，倾宜越碗圆。

　　　　气清宁怕睡，骨健欲成仙。

　　　　吏役寻无暇，诗情得有缘。

　　　　深疑尝沆瀣②，犹欠听潺湲。

　　　　迢递康王谷③，尘埃陆羽篇。

　　　　何当结茅屋，长在水帘前。

［见《全唐诗》外编（下）］

【注】

　　①消渴：一种疾病，其症状为口渴，易饥、尿多、消瘦等。包括今

45

所称糖尿症、尿崩症等。茂陵客：西汉文学家司马相如，曾为汉武帝随从。汉武帝死后葬在茂陵，故后人多称司马相如为茂陵客。　②沆瀣（hàng xiè）：此指露水。　③康王谷：庐山谷帘泉所在地。

【评】

张又新《煎茶水记》借陆羽、李季卿之口将自己次第之泉水说出，颇有沽名钓誉之嫌，但他毕竟钟情于茶水，也算得上品鉴的行家。"消渴茂陵客"是作者自喻，可见酷嗜饮茶，尤其是用谷帘水煎出的茶，既能"健骨"，又能诱发诗文，更是情之所钟。

山泉煎茶有怀　白居易

坐酌泠泠①水，看煎瑟瑟②尘。

无由持一碗，寄与爱茶人。

（见《全唐诗》四四二卷）

【注】

①泠泠：清凉貌。　②瑟瑟：形容翠绿或湛蓝的颜色。

【评】

这是首怀人诗。由品尝清凉的山泉水，观赏冒着翠绿色烟雾的茶汤，情不自禁地怀念起嗜好相同的友人，可惜远莫能致，徒增唱叹而已。

别 石 泉　李 绅

（在惠山寺松竹之下，甘爽，乃人间灵液。清澄鉴肌骨，含漱开神虑。茶得此水，皆尽芳味。）

素沙见底空无色，青石潜流暗有声。

微渡竹风涵淅沥，细浮松月透轻明。

桂凝秋露添灵液，茗折香芽泛玉英。

应是梵宫连洞府，浴泉今化醒泉清。

（见《全唐诗》四八二卷）

【评】

"素沙见底"、"青石潜流"是形成惠山泉水澄清甘洌品质的重要条件，用它来烹瀹香芽，其味纯正高雅，品饮之余，身心俱爽，人的身心与大自然浑融无间。

杏 水 姚 合

不与江水接，自出林中央。

穿花复远水，一山闻杏香。

我来持茗瓯，日屡此来尝。

（见《全唐诗》四九九卷）

【评】

泉水也像人一样，大抵具有某种环境的特色。杏泉出自杏林中，由于"穿花"，带有明显的杏花香气，使它流播全山；又由于"远水"，即不与他水相近相混，始终保持着自身的甘洁。凡有个性，有独立人格的饮者，都会情钟于这样的泉水，"我来持茗瓯，日屡此来尝"的行为选择，显然不是偶然的个别的现象。

47

和元八郎中① 秋居 姚 合

圣代无为②化，郎中似散仙③。

晚眠随客醉，夜坐学僧禅④。

酒用林花酿，茶将野水煎。

人生知此味，独恨少因缘。

（见《全唐诗》五〇一卷）

【注】

①郎中：朝廷各部门的具体办事人，属低级官员。 ②无为："无

为即有为"是老庄哲学思想的核心。　③散仙：独立自在，无拘无束的仙人。　④禅：僧徒悟道的法门。

【评】

"纵身大化中，无喜亦无惧。"这就是无为而化，与大自然相融合，随时随势，进退裕如，这样不仅能活得自在，还可保全自己的本性。"酒用林花酿，茶将野水煎"才得以领受人生的至味，摒弃尘世中的污浊。

方山寺松下泉　章孝标

石脉绽寒光，松根喷晓霜。
注瓶云母①滑，漱齿茯苓②香。
野客偷煎茗，山僧惜净床。
三禅不要问，孤月在中央。

（见《全唐诗》五〇六卷。一作僧若水作，见同书八五〇卷，字句略有变动。）

48

【注】

①云母：一种矿物，俗称"千层纸"，有玻璃光泽，其色泽因组成成分不同而互异。此处用以形容注入瓷瓶的茶汤。　②茯苓：寄生于松树根上的菌类植物，可入药。

【评】

诗歌先写泉所在的环境和泉自身的品格，形象鲜明生动，且富有质感。继写人们的向往之情，末联展示泉水的精神、文化内涵，境界静谧澄澈。看来泉与茶一样，与佛理相通，三者都有洗涤心源的作用。

明·田艺蘅《煮泉小品》在论述"山居之人，固当惜水"时，章孝标《松泉》诗，曰："言偷则诚贵矣，言惜则不贱用矣。安得斯客斯僧也，而与之为邻耶！"

题碧山寺塔　　章孝标

六明佛火明珠缀，午后茶烟出翠微①。
萦砌②乳泉梳石发，滴松银露洗墙衣。

（见《全唐诗》第二五册卷上）

【注】

①翠微：一般指青翠掩映的山腰幽深处。多为庙宇和居户所在。
②砌：台阶。

【评】

中国的寺庙大多建在山间，僧侣不仅是佛理佛法的传播者，也是种茶、制茶的带头人。茶是他们生活中不可或缺的资料，茶事甚至与佛事紧密联系，不可分割。例如，有定期举行的茶供（以茶供佛，同时表演茶艺。）茶会（由富有者出资，备办茶果，聚集信徒，交流情感和学佛心得），平时来客，也以茶招待，僧徒们念经、参禅，更须饮茶提神。茶佛一味，显然是生活的昭示。诗歌展现的"乳泉梳石发"，"茶烟出翠微"境界，是何等清丽动人！

49

西陵道士茶歌　　温庭筠

乳窦溅溅通石脉，绿尘愁草春江色。
涧花入井水味香，山月当人松影直。
仙翁白扇霜鸟翎，拂坛夜读黄庭经①。
疏香皓齿有余味，更觉鹤心通杳冥。

（见《全唐诗》五七七卷）

【注】

①黄庭经：道教经名。它以七言歌诀，讲述道家养生修炼的道理；观察五脏，特重于脾土，以明中央黄庭之意。

【评】

茶与佛有着不解之缘，茶与道也大体如此。道观旁有山地可利用的，无不植茶。产茶主要供自饮。"疏香皓齿有余味，更觉鹤心通杳冥。"饮茶不仅是一种生活享受，还有助于使道心更加通灵。正因为西陵水味甘香，茶味才如此清高悠长。

美人尝茶行　崔　珏

云鬟枕落困春泥，玉郎为碾瑟瑟尘。
闲教鹦鹉啄窗响，和娇扶起浓睡人。
银瓶贮泉水一掬，松雨声来乳花①熟。
朱唇啜破绿云时，咽入香喉爽红玉。
明眸渐开横秋水，手拨丝簧醉心起。
台时②却坐推金筝，不语思量梦中事。

（见《全唐诗》五九一卷）

【注】

①乳花：精美的茶汤煮熟后呈乳白色，泛起的泡泡有如花朵，故称乳花。　②台时：此指乐曲一章终了后的休止时间。

【评】

这首诗写酣睡美人（歌者）被唤醒后尝茶的切身感受，包括生理、心理上产生的快感。"咽入香喉爽红玉。明眸渐开横秋水，手拨丝簧醉心起。"茶使美人喉为之爽，眼为之开，整个身心都为之陶醉，艺术的灵感也油然而生，拨弄丝簧更加得心应手，构成梦幻般的美妙境界。可见茶之功效远不止解渴、提神而已。

题惠山泉二首　皮日休

丞相①长思煮泉时，郡侯②催发只忧迟。

吴关去国三千里，莫笑杨妃爱荔枝。
马卿[3]消瘦年才有，陆羽茶门近始闻。
时借僧炉拾寒叶，自来林下煮潺湲[4]。

（见《全唐诗》六一五卷）

【注】

①丞相：这里是指李德裕。武宗时李居相位，力主削藩平叛，政绩斐然。嗜茶，专饮用惠山泉水烹煮的茶。在长安（今陕西西安）期间，仍不改变这一习惯。　②郡侯：指常州知州，当时无锡属常州管辖。③马卿：司马相如，西汉文学家。传说患有消渴病。　④潺湲：水徐流貌。此处代指惠山泉水。

【评】

第一首绝句，写李德裕驿运惠山泉水至京城饮用的故事。说他酷爱饮茶，特别是用惠山泉烹煮的茶。“莫笑杨妃爱荔枝”一句，以委婉地表现笔法，批判了水递的奢侈。李德裕自律颇严。第二首绝句，从司马相如和陆羽落笔，以烘托自己自由自在的山野生活，其中最惬意的是煮茶自饮。“时借僧炉拾寒叶，自来林下煮潺湲。”是作者清纯朴厚，极富诗意的生活境界和艺术境界。

和陈洗马[1]山庄新泉　徐　铉

已开山馆待抽簪，更要岩泉欲洗心。
常被松声迷细韵，忽流花片落高岑。
便疏浅濑穿莎[2]径，始有清光映竹林。
何日煎茶酝香酒，沙边同听暝猿吟。

（见《全唐诗》七五五卷）

【注】

①洗马：旧官名。为东宫属员，职如谒者，太子出时则为前导。秦汉以后所司略有变化，或掌管经籍。　②莎（suō）：草名。多生于湿地

或沼泽中，用作中药名香附子。

【评】

"洗心"是这首诗的"诗眼"，也是泉水最突出的功能。大凡泉水所在地多拥有较丰富的景物资源。诗歌展示的画面，环境清出，风物宜人，犹如世外桃源，着力突出其出深高远的静态美。而就局部而言，有悦耳的声音可闻，有生动的身影可睹，如茶的"抽簪"，人的"洗心"，松声传细韵，花影落高岑，等等，彼此有节奏地跳动着，依次融入静谧和谐的境界，构成一片清空，使人尘念俱消。

第二节　宋　代

陆羽泉茶　王禹偁

甃①石封苔百尺深，试茶尝味少知音。
唯余半夜泉中月，留得先生②一片心。

（见《全宋诗》第二册）

【注】

①甃（zhòu）：井壁。　②先生：称唐人陆羽。他是世界上第一部《茶经》的作者。

【评】

改朝换代，陆羽泉的容貌和水质却依然如故。用此泉水烹茶试饮，定会产生种种微妙的感受，意欲一吐为快，却无人可与倾谈。因为知水知茶如陆羽者，千古一人而已。"唯余半夜泉中月，留得先生一片心。"陆羽的身影留在清澈的泉水里，陆羽的《茶经》传播天下。总之，他的影响无处不在，无时不在。

此陆羽泉在湖北蕲州（今浠水），即蕲州兰溪石下水。

题 惠 山　王禹偁

吟入惠山山下寺，古泉闲挹味何嘉。

好抛此日陶潜米①，学煮当年陆羽茶。

犹欠片心眠水石，暂开尘眼识烟霞。

劳生未了来还去，孤棹寒篷宿浪花。

［见民国十一年（1922）《无锡县志》］

【注】

①陶潜：晋代诗人，字渊明。曾任彭泽县令，因不愿卑躬屈膝地迎接州里派来的督邮，便挂冠归去，声称不愿"为五斗米折腰"。"五斗米"指官俸。

【评】

不愿忙忙碌碌奔竞于官场，而愿回到山水的怀抱里，闲挹古泉，静观烟霞。自然劳生未了，为谋衣食，独棹寒篷（简陋的小船），来而复去，独立的人格得以保持，这是人生莫大快慰。

尝惠山泉　梅尧臣

吴楚①千万山，山泉莫知数。

其以甘味传，几何若饴露②。

大禹书③不载，陆生④品尝著。

昔为庐谷亚⑤，久与茶经附。

相袭好事人，砂瓶和月注。

持参万钱鼎，岂足调羹助。

彼哉一勺微，唐突为霖澍⑥。

疏浓既不同，物用诚有处。

空林癯⑦面僧，安比侯王趣。

（见《全宋诗》第五册）

【注】

①吴楚：此指古吴国、越国辖境。　②饴露：犹甘露，略带甜味的露水。饴，读若"移"。　③大禹书：指《尚书·禹贡》。　④陆生：指陆羽。　⑤庐谷亚：唐·张又新《煎茶水记》将庐山康王谷帘泉列为第一，惠山泉居其次，并说这是陆羽的见解。　⑥澍（shù）：及时雨；通常称甘霖。　⑦癯（qú）：清瘦貌。

【评】

江南山明水秀，景物宜人。由于山多、树多、泉水多得莫知其数，其中最著名的当推惠山泉水。诗人不谈它是否"其甘如饴"，而是展示相袭成风的现象："相袭好事人，砂瓶和月注。持参万钱鼎，岂足调羹助。"意思是物各有用，人若能尽其用，则功莫大焉，否则，不免劳民伤财，贻害无穷。

惠山谒①钱道人，烹小龙团，登绝顶，望太湖　苏　轼

踏遍江南南岸山，逢山未免更流连。

独携天上小团月，来试人间第二泉。

石路萦回九龙脊，水光翻动五湖②天。

孙登③无语空归去，半岭松声万壑传。

（见《苏轼诗集》第二册）

【注】

①谒（yè）：往访，进见。　②五湖：歧义较多，一般用指五个最大的湖，即洞庭、鄱阳、太湖、巢湖、彭泽。　③孙登：晋人，隐于苏门山（在今河南辉县），为土窟而居，夏披草为裳，冬以长发覆身。常闭口不言：好读书鼓琴，性宽厚，能知祸福之机。

【评】

人称李白谪仙人，事实上苏轼的仙风道骨相当突出。"独携天上小

团月，来试人间第二泉。"由小龙团想起天上的圆月，进而想到品质特佳的惠山泉水。于是欣然登山，饮用惠山泉水烹煮的小龙团茶。风生两腋，飘飘若仙，"孙登无语"，却乐在其中，眼前是波涛起伏的太湖大幅画面，耳畔是万壑松声，色与声都极壮丽。

题陆子泉①上祠堂　杨万里

先生②吃茶不吃肉，先生饮泉不饮酒。

饥寒只忍七十年，万岁千秋名不朽。

惠泉遂名陆子泉，泉与陆子名俱传。

一瓣佛香炷③遗像，几多衲子④拜茶仙。

麒麟⑤画图冷似铁，凌烟冠剑消如雪⑥。

惠山成尘惠泉竭，陆子祠堂始应歇。

（见清光绪七年《无锡·金匮县志》）

【注】

①陆子泉：即惠泉，在今江苏无锡市西郊惠山。　②先生：称陆羽。　③炷：点火燃烧。　④衲（nà）子：僧徒。因僧徒多穿百衲衣，故称。　⑤麒麟：阁名。原为汉代宫廷藏书阁。汉宣帝时曾画霍光等十一功臣像悬于其上。　⑥：凌烟：阁名。唐太宗贞观十七年（643），画开国功臣长孙无忌等二十四人于其上。阁在长安（今陕西西安市）。冠剑：指文臣武将。

【评】

人生在世，如白驹过隙，转眼即逝。凡有志者，大都争分夺秒，努力工作，希望能给后人留下一点业绩和影响。无论麒麟阁中的霍光，还是凌烟阁里的长孙无忌，都是文臣武将中的出类拔萃者，功绩卓著，但知之者并不多，影响自然难得久远，不像陆羽尽管没有什么名位，却能"万岁千秋名不朽"。原因是他的著作（《茶经》）以及他种茶、辨茶、辨水的实践，给世人以深刻的启示，使人们的生活发生了前所未有的巨大变化。

55

叶子逸以惠山泉瀹日铸茶　章　甫

惠山甘泉苦不冷，日铸茶香才是真。

广文唤客作妙供，石铫①风炉皆手亲。

神清便欲排阊阖②，且了吾人淡生活。

瓶芽分送已无余，杯水尚容消午渴。

（引自《自鸣集》卷三）

【注】

①石铫（diào）：石质煮水器，一般平底，有把手。　②阊阖（chāng hé）：传说中的天门。这里指皇宫的大门。

【评】

广文原是唐人郑虔的别号。他一生清苦，反倒觉得乐在其中。这里用来比喻叶子逸。叶是位淡泊名利的茶人，常邀请同嗜者相聚饮茶。选惠泉水，瀹日铸茶，并且亲自用石铫、风炉烹煮，可见非常讲究。这些除了表明他好客的秉性，更突出惠山泉水爽口、消渴、解烦的功能。诗人与其友人乐于过平淡生活的高雅情趣如出岫的轻云，冉冉升起，给人以美好的印象。

即惠山烹茶　蔡　襄

此泉何以珍，适与真茶①遇。

在物两称绝，于予独得趣。

鲜香箸下云，甘滑杯中露。

当能变俗骨，岂特澌②尘虑。

昼静清风生，飘萧入庭树。

中含古人意，来者庶冥悟③。

（见《端明集》卷三）

【注】

①真茶：似有二义，其一是与假茶相对而言；其二是与劣质茶相对而言。　②湔（jiān）：洗涤。　③庶：几乎。冥悟：冥冥中与古人之意相契合。

【评】

蔡襄是小龙团茶的始作俑者，与督民制作大龙的丁谓相比，有过之而无不及。尽管他是位大书法家，诗也写得不错，还是受到"前丁后蔡相笼加"（苏轼诗句）的谴责。但他毕竟爱茶，对茶的制作加工以及功用，知之甚深，这些都从这首诗的字里行间透露出来。"此泉何以珍，适与真茶遇。"好茶不得好水烹煮，色和味均发生恶变，几至不能下咽。而一旦茶和水"两称绝"，则不但爽口解渴，生津提神，并且能"变俗骨"、"湔尘虑"，即能起澄净心源、改造灵魂的作用。可见茶是不可或缺的生活资料。

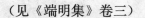

虾蟆碚① 　陆　游

不肯爬沙桂树边，朵颐②千古向岩前。

巴东峡里最初峡③，天下泉中第四泉④。

啮雪饮冰疑换骨，掬珠弄玉可忘年。

清游自笑何曾足，叠鼓冬冬又解船。

（见《剑南诗稿校注》一）

【注】

①虾蟆碚（há má bèi）：泉名。宋·王象之《舆地纪胜》："虾蟆碚，在夷陵县（在今湖北宜昌市东南）。凡出蜀者，必酌水以瀹茗。"　②朵颐：此指活动着的下巴。　③巴东（三）峡：即长江三峡。自西向东依次为瞿塘峡、巫峡和西陵峡。初峡：指西陵峡。当时陆游"入蜀"，首先经过西陵峡，故称。　④第四泉：即虾蟆碚。唐·张又新《煎茶水记》："峡州扇子山下有石突然，泄水独清冷，状如龟形，俗云虾蟆口

57

水，第四。"他表白说这是陆羽鉴定的。

【评】

写虾蟆碚的作品很多，有的是耳食之言，不可全信。陆游此诗是在入蜀途中作实地考察之后写出的，类似郦道元的《水经注》，有一定的史料价值，当然，他作为诗人的情志，像彩笔一般，给虾蟆碚涂抹一层瑰丽的色泽。

试茗泉　王安石

此泉地何偏，陆羽曾未阅。

坻①沙光散射，窦乳②甘潜泄。

灵山不可见，嘉草③何由啜。

但有梦中人，相随掬明月④。

（见《临川先生文集》卷第十二）

【注】

①坻（chí）：水中的小洲。　②窦乳：溶洞中的泉水，大抵由涓滴汇为溪流。　③嘉草：指茶。　④掬：双手捧起。明月：此代指泉水。

【评】

泉和人一样，有幸有不幸。幸者得以驰名遐迩，不幸者虽有丽质，也难逃脱默默无闻的命运，"试茗泉"即属此类，由于所在地偏僻，人迹罕至，少为人知。"灵山不可见，嘉草何由啜"，这是莫大的悲剧。诗人发现它，并以之"试茗"，才发现它清淳甘美，可惜无人得以品尝，于是发出"但有梦中人，相随掬明月"的慨叹。

试茗泉在江西金溪。

石生煎茶　刘挚

石生兰溪①来，手提溪泉瓶。

谓言长官政，如此泉水清。

欢然展北焙②，小鼎亲煎烹。

一杯酌官寿，云腴③浮乳英。

惭非百壶饯④，真意不自轻。

涧沼苹藻细，王公享其成。

冠盖⑤岂不至，纷纷空涕横。

珍重石子者，端有古人情。

（见《忠肃集》卷五）

【注】

①兰溪：水名。在今浙江省境内，与新安江汇合后，称钱塘江，又称浙江。 ②北焙：北苑贡焙，宋代专制贡茶的场所。 ③云腴：通常用称茶中精品。明·王象晋《群芳谱·茶谱小序》："瓯泛翠涛，碾飞绿屑，不藉云腴，孰驱睡魔？" ④饯（jiàn）：以酒食送行。 ⑤冠盖：泛指官宦。

【评】

做人要清白，当官的更应如此。"谓言长官政，如此泉水清。"石生的话表达了劳苦大众的愿望和要求。有首民谣道："贼如梳，兵如篦，官如剃。"为官的贪得无厌，不干不净，则老百姓何以为生？石生送行，用茶不用酒，恰如其分地表达了对刘挚人品和政绩的礼赞，也符合他本人的身份和追求。

尧峰①新井歌并序　蒋　堂

尧峰景暹迟禅师，有道行，居常游吾门。一日且曰：山凿石造井，逾岁仅成。既冽②而甘，大为丛林③之利。愿得纪述，以永其传。因作歌云：

白云莽莽青山头，一穴四面飞泉流。

其初山间旧井涸，枯肠燥吻海众羞。

于是大事宝云者，颐指土脉智虑周。

山灵所感道心爽，檀施聿来工力鸠④。
云锸齐下远雷动，石火内击飞星稠。
百尺虚空廓地表⑤，一泓清冽讶深幽。
人疑从天堕月窟，或问何处移龙湫⑥。
次则其徒骇殊胜，竞持应器⑦尝甘柔。
饥狖⑧连臂喜跳掷，渴鸟引喙鸣钩辀⑨。
碧鷖光中辘轳晓，银床侧畔梧桐秋。
宝坊金地互相映，谷鲋坎蛙难此留。
傍晚江形小衣带，下窥湖面卑浮沤⑩。
何兹啜饮有功利，一掬入口醍醐⑪优。
热者濯之昏钝决，病者沃之沈痼瘳⑫。
而我时邀墨客去，松涧远挈都篮⑬游。
净瓶汲引试香莽，雅具罗列无腥瓯⑭。
比之玉乳⑮不差别，诮彼练月多谬悠⑯。
今兹泉眼在鲁坞，所喜云液邻菟裘⑰。
苎翁⑱既往乏鉴者，《水记》⑲未载予将修。
此山此井永不废，此歌其庶⑳传南州。

[见《宋诗纪事》（上）卷八]

【注】

①尧峰：泉名，人称尧峰井，在苏州（今属江苏）横山尧峰院。
②冽：寒冷。　③丛林：即禅林，多数僧侣聚居的寺院。　④檀施：檀越施舍，即富有的信徒捐钱物以促其成。聿（yù）：急貌。鸠：聚集。
⑤诗人自注：凿井求水，出土一尺，即有一尺虚空。见《内书》。　⑥龙湫：水潭名。在今浙江省乐清市雁荡山。　⑦应器：似指法器，僧徒作法事时所用。　⑧狖（yòu）：黑色长尾猿。　⑨钩辀：鹧鸪鸣声。　⑩浮沤：水面上的泡沫。　⑪醍醐（tí hú）：奶油。　⑫瘳（chōu）：病愈。
⑬都篮：大篮子。　⑭诗人自注：《茶经》：膻鼎腥瓯，非器也。　⑮玉

60

乳：泉名。参见［玉乳泉］条。 ⑯练月：泉名。传说天竺（今属浙江杭州市西湖西）有井名练月。原句诗人自注：俗传天竺有练月井，而《茶经》、《水记》皆不载。 ⑰菟裘：古邑名，在今山东泰安东南楼德镇。后用称士大夫告老隐退之地。原句诗人自注：鲁坞乃尧峰地，予所居去之一舍。 ⑱苎翁：即陆羽。羽自号桑苎翁。 ⑲《水记》：即《煎茶水记》，唐·张又新撰。 ⑳庶：幸，期望。

【评】

这是一首较长的叙事诗，再现尧峰景暹（xiān）迟禅师率众凿井的故事，以及井中泉水的品质和功能。它不仅能使饮者（包括读者）爽口快意，且有药用价值："热者濯之昏钝决，病者沃之沈痼瘳。"此外还有洗涤心源，保存本性的作用："净瓶汲引试香莼，雅具罗列无腥瓯。"物以类聚，饮茶亦然，"醉红裙"者理应受到排斥。

元翰少卿宠惠谷帘水一器　苏　轼

（原题为《元翰少卿宠惠谷帘水一器、龙团二枚，仍以新诗为贶①，叹咏不已，次韵奉和》）

<blockquote>
岩垂匹练千丝落，雷起②双龙万物春。

此水此茶俱第一，共成三绝鉴中人③。
</blockquote>

（见《苏轼诗集》第二册）

【注】

①贶（kuàng）：赐与、赠送。 ②雷起：指惊蛰已到，万物均点染上春的色彩。 ③鉴：古盛水器。"鉴中人"似指对水与茶一往情深的元翰。

【评】

诗仅四句，首句写泉，次句写茶，第三句是对谷帘水和龙团茶的评价，第四句溶水、茶与"鉴中人"（指元翰）为一体，显示出其超凡的品位和风神。

谷帘泉在江西庐山。

61

谷帘泉　陈舜俞

玉帘铺水半天垂，行客寻山到此稀。

陆羽品题真黼黻①，黄州吟咏尽珠玑②。

重来一酌非无分，未挈吾瓶可忍归。

终欲穷源登绝顶，带云和月弄清晖。

（见《都官集》卷十三）

【注】

①黼黻（fǔ fú）：文采亮丽。　②黄州：州名。治所在今湖北黄冈市。此处代指苏轼。因苏轼曾被贬为黄州团练副使，又写过赞颂谷帘泉水的诗，题为《元翰少卿惠谷帘水一器、龙团二枚，仍以新诗为贶，叹味不已，次韵奉和》。珠玑：指小而精美，富有光泽的珠宝。

【评】

谷帘泉在庐山康王谷。传说唐·陆羽次第二十名泉，把谷帘泉排在首位。事载张又新《煎茶水记》。深山悬瀑，绝少污染，水味自然甘淳可口，若无陆羽、张又新特别是苏轼的激赏，谷帘泉水也难以不胫而走，扬名天下。"陆羽品题真黼黻，黄州吟咏尽珠玑。"这是谷帘泉的幸运，其他名泉也大抵如此。

大明寺平山堂①　梅尧臣

陆羽烹茶处，为堂备宴娱。

冈②形来自蜀，山色去连吴。

毫发开明镜，阴晴改画图。

翰林③能忆否，此景大梁④无。

（见《全宋诗》第五册）

【注】

①大明寺：在今江苏江都市西北约 2.5 公里的蜀冈上。平山堂：宋庆历年间（1041—1048）欧阳修建。当时他任扬州知州。 ②冈：指蜀冈。 ③翰林：官名。唐玄宗置翰林待诏，为文学侍从。欧阳修为翰林达八年之久。 ④大梁：城市名，即今河南开封，北宋的京城。

【评】

平山堂与长江南岸的金山遥相对峙，风景绝佳。"冈形来自蜀"，不免引起诗人故乡之思；"山色去连吴"，蜀冈及其上的风物与江南秀丽风光连成一片，悦目赏心，不免为之流连忘返。其中最突出的是平山堂的井水（世称陆羽井）甘淳爽口，谁能舍弃它呢？

蜀 井① 苏 辙

行逢蜀井恍如梦，试煮山茶意自便。

短绠不收容盥②濯，红泥③仍许置清鲜。

早知乡味胜为客，游宦何须更着鞭。

（见《栾城集》上册）

【注】

①蜀井：在今江苏扬州江都市西北约 2.5 公里处蜀冈上，那里有大明寺、平山堂等名胜古迹。 ②盥（guàn）：洗手。 ③红泥：此指陶质茶具。

【评】

蜀冈在扬州，原属吴国领地。苏辙是眉山人（今属四川），早年离家，游宦于外，故乡之恋，时时萦绕心头。此番登上蜀冈，品尝蜀井的泉水（一般称"大明水"），更是别有一番滋味。因而感到亲切，徘徊不忍离去。"早知乡味胜为客，游宦何须更着鞭。"想回故乡而不得，退而求其次，扬州风物尤其是带有乡味的蜀井泉水，是可安抚这颗忐忑不安的心。

虎 跑 泉① 董嗣杲

广福山灵托兽传，甃②边依约爪痕坚。

噬人难负平时口，跑地能开一掬泉。

不遇下车冯妇③勇，都因脱屣性空④禅。

大慈坞⑤内腥风起，善结丛林渴饮缘。

（见《西湖百咏》卷下）

【注】

①虎跑泉：原诗题解：在大慈山广福院内。唐开成（836－840）中建，性空禅师居此。山无水，有神人告之：明日有泉。是夜，二虎跑地，遂泉涌。 ②甃（zhòu）：用砖、石砌成的井壁或池壁。 ③冯妇：传说中的古代勇士，善搏虎。 ④性空：当年广福院的住持。性空为其法名。 ⑤大慈坞（wù）：即大慈山，在今浙江杭州市九曜山西南。

【评】

二虎跑地，泉水随之涌出，无异奇谈怪论，但虎跑泉水确乎澄净甘冽，附近又产好茶，二者相得益彰，这传说更是锦上添花，给它增添了神奇瑰丽的色彩，品饮之间，作为谈资，回味更加悠长。

64

龙 井① 董嗣杲

腥攒石缝瀑花多，还有龙神蛰②此窠。

通海浅深山不语，随潮涨落水无波。

漫传方士③遗丹在，不奈潜鳞④吐雾何。

时雨愆期⑤无验处，几番雷火爇⑥松柯。

（见《西湖百咏》卷下）

【注】

①龙井：在风篁岭上，本名龙泓。吴赤乌（238－250）中，葛翁

（葛洪）炼丹于此。故老相传井与海通，其水随潮候长落。　②蛰：蛰伏，待时而动。　③方士：古代好讲神仙方术的人。　④潜鳞：潜伏水中的龙。　⑤衍期：延长时间。此指阴雨连绵。　⑥爇（ruò）：点燃。

【评】

此篇写西湖龙井，大体围绕"龙井"说古谈今，颇多想像之辞，给龙井泉水和龙井名茶披上一袭轻烟薄雾般的神话外衣。

白沙泉① 　郭祥正

幽泉出白沙，流傍野僧家。

欲试甘香味，须烹石鼎茶。

（见《钱唐西湖百咏》）

【注】

①白沙泉：泉名。在今浙江杭州西湖附近，具体方位不详。

【评】

诗虽短，但展示的境界清新淡雅。白沙泉是其主体，"野僧家"的"野"字是其核心，即评家经常提到的"诗眼"。冠物象以"野"，则显得真切可亲；冠僧徒以"野"，则尘俗之意态尽消。"欲试甘香味，须烹石鼎茶。"用石鼎烹茶，用心就在于不损害茶和泉水的本性和原味。看来诗人确乎是一位知茶爱茶者。

以六一泉煮双井茶① 　杨万里

鹰爪新茶蟹眼②汤，松风③鸣雪兔毫霜。

细参六一泉中味，故有涪翁④句中香。

日铸⑤建溪当退舍，落霞⑥秋水梦还乡。

何时归上滕王阁⑦，自看风炉自煮尝。

（见《诚斋集》卷二十）

65

【注】

①六一泉：在杭州西湖孤山后岩。僧惠勤掘地得泉，苏轼命名。以纪念欧阳修（修自号六一居士）。双井茶：宋代名茶。产于黄庭坚老家洪州分宁（今江西修水）。　②蟹眼：茶水快开时，冒出许多细小的水泡，俗称蟹眼。　③松风：形容茶水沸腾后发出的声响。　④涪翁：黄庭坚字。　⑤日铸：茶名，亦山名。山在今浙江绍兴市东南，茶被欧阳修称为两浙草茶之冠。　⑥落霞秋水：本于唐·王勃《滕王阁序》"落霞与孤鹜齐飞，秋水共长天一色"句。　⑦滕王阁：在今江西南昌，为江南三大楼阁之冠（另二者为武汉市的黄鹤楼和洞庭湖畔的岳阳楼）。

【评】

这首诗着力写煮茶。茶是散茶中的魁首，水汲自六一名泉，因此，烹煮时格外小心谨慎。新煮的茶汤之美好竟然胜过日铸和建溪。诗人是吉水人，双井茶勾起他的故乡之恋，特别是登上滕王阁，"自看风炉自煮尝"的那种淳朴而又富有诗意的生活。

以庐山三叠泉寄张宗瑞①　　汤　巾

> 九叠峰头一道泉，分明来处与天连。
> 几人竞尝飞流胜，今日方知至味全。
> 鸿渐②但尝唐代水，涪翁不到绍熙年③。
> 从兹康谷宜居二，试问真岩老咏仙④。

【按】

关于此二诗的写作原委《宋诗纪事》据《游宦纪闻》作了这样的介绍："庐山三叠泉，于绍熙辛亥岁（绍熙二年，公元1191年）始为世人所知见，从来未有以瀹著者。绍定癸巳（绍定六年，公元1233年）汤制幹仲能（巾字仲能）主白鹿（书院名）教席，始品题，以为不让谷帘，寄张宗瑞云云。""绍定癸巳，汤制幹仲能主白鹿教席，始品题三叠，以为不让谷帘，常以诗寄二泉，张赓之云云。九叠屏风之下，旧有太白书堂。"前为汤巾寄泉水和诗，后为张辑（字宗瑞）作诗以和。

【注】

①三叠泉：在庐山五老峰后，为飞流悬瀑，三跌而下，形势极为壮观。上级如飘云拖练，中级如碎玉摧冰，下级如玉龙走潭，实为天下一大绝景。张宗瑞：即张辑。辑为其名，宗瑞为其字。　②鸿渐：陆羽字。　③涪翁：黄庭坚字。绍熙：宋光宗年号（1190—1194）。　④真岩老咏仙：似指张辑。真岩为其住处。

【评】

人们一般喜用涌泉和石间漫流渝茶，忌用瀑布水。《宋诗纪事》据《游宦纪闻》判定汤巾是用瀑布水渝茶的始作俑者。"几人竞尝飞流胜，今日方知至味全。"这是一大发现，汤巾自然功不可没。

次韵汤制幹寄三叠泉韵　张　辑

寒碧朋樽胜酒泉，松声远壑忆留连。
诗于水品进三叠，名与谷帘真两全。
壁画烟霞醒昨梦，《茶经》日月著新年。
山灵似语汤夫子，恨杀屏风李谪仙。

（见《宋诗纪事》卷六十四）

67

剑　池①　施　枢

雨壁阴崖翠藓长，龙泓冷浸斗牛光②。
独怜有水清无底，不洗花池粉腻香。

（见《全宋诗》卷三二八二）

【注】

①剑池：在吴县虎丘山（今属江苏苏州市）。传说秦始皇东巡至虎丘，求吴王宝剑。虎当坟而踞，始皇以剑击之不及，误中于石，乃陷成池，遂名剑池。　②龙泓：可以藏龙的深水潭，此指剑池。斗牛：此处

泛指天上的星斗。

【评】

"剑池"一名，颇有阳刚之气，诗人把剑之刚和水之柔巧妙地揉合在一起，特有艺术感染力。当然，他最为欣赏的还是"清无底"的剑池水，它涵蕴丰厚，不时引发观赏者怀古的深情。

酌第四桥^①水有怀陆羽　　周　南

未必茶瓯胜酒醒^②，且将衰发戴寒星。

太湖西与松江接，不碍幽人第水经。

（见《山房集》卷一）

【注】

①第四桥：松江上的第四座桥梁，不详具体所在。据张又新《煎茶水记》，刘伯刍将水分为七等，吴淞江（即松江）水列为第六；陆羽将水分为二十等，吴淞江水列为第十六。　②醒（chéng）：酒醉后的病态。

【评】

茶能使醉汉清醒过来，恢复理性，几乎已成为大众的共识，其实并非必然。"未必茶瓯胜酒醒"，这是诗人的亲身体验。料想当时他在酒醉饭饱后，泛舟湖上，一边饮茶，一边观赏四周美好风光时的感受。结尾两句写的是品尝的心得：同一泉源的水，由于环境地理环境不同，水的品第也有高低美恶之别。

蒋山八功德水^①　　鲍寿孙

功德河沙七宝池，可如甘露降三危^②。

钟山一滴曹溪^③水，好及萧郎索蜜时^④。

（见《全宋诗》卷三七〇四）

【注】

①蒋山：即钟山，又名紫金山。在今江苏南京市。八功德水：在今

钟山灵谷寺。明·徐献忠《水品全秩》："八功德者，一清、二冷、三香、四柔、五甘、六净、七不噎、八除疴。"　②三危：即三灾，佛家语，有大小之分。大三灾为火灾、风灾、水灾；小三灾为饥馑、疫病、刀兵。　③曹溪：水名。在广东曲江县东南。唐代禅宗六祖慧能曾居此修道布法。此处借指八功德水。　④萧郎：指梁武帝萧衍。南齐时，王俭曾称其为"萧郎"。萧衍初重儒学，后改奉佛教，曾三度舍身同泰寺。"索蜜"事可能发生在他饿死台城前。

【评】

普渡众生，功德无量。具有上述八种"功德"的水，于人、于世都有不可限量的贡献。而实际上，集八种功德于一身几乎不可能。蒋山的泉水亦然。取名"八功德"，表达的是一种愿望，一种需求。而非事实。"高山仰止，景行行止。虽不能至，心向往之。"如此而已。

祷雪天竺由灵鹫过冷泉① 张　蕴

降香②天竺去，瀹茗③冷泉来。

新径石间过，危亭④木杪开。

烟山晴若画，霜叶湿如灰。

点检经行处，今年未见梅。

（见《斗野稿》）

【注】

①祷雪：求天下雪，以期来年丰收。天竺：山名。在浙江杭州西湖西，有上、中、下三天竺寺，旧为佛教名山。灵鹫：飞来峰的别称，下有冷泉，山水清幽，是旅游避暑胜地。　②降香：进香，烧香。　③瀹茗：烹茶，泡茶。　④危亭：指高耸的冷泉亭。

【评】

冷泉所在，山水清幽。天竺、飞来、灵隐诸名山分立两旁；天竺寺、灵隐寺香火不断，旅游观光者更是络绎不绝。泉上有亭，为唐人元䓍所建，白居易作有《冷泉亭记》，后人纷纷吟诗作文，抒发赏心悦目的

69

感受，因而名噪一时。直至今日，它仍然是杭州最吸引人的旅游景点之一。

咏蒙泉① 熊 禾

天地有佳水，云气护深山。
我爱泓澄好，人嫌泽润悭②。
暗空鸣滴滴，高壁泻潺潺。
渐近尘泥涴③，何时复此还。

（见《熊勿轩先生文集》卷七）

【注】

①蒙泉：泉名。据志书记载，蒙泉有多处，其名著称者有两处：一在湖北荆门县（今荆门市）西蒙山下。《舆地纪胜》："在军城峡石山之麓。南曰蒙泉，西北曰惠泉。"《明一统志》："蒙泉水尝（常）寒，惠泉水尝（常）温。"一在湖南石门县（今属常德市）西花山下，有黄庭坚书"蒙泉"二字。五雷诸山至此忽然开朗，山川窈窕，为石门最胜处。
②悭（qiān）：吝啬，小气。　③涴（wò）：为泥土所沾污。

70

【评】

顾名思义，蒙泉声色并不壮丽，它出自深山幽谷，汇聚涓滴而成溪流。"我爱泓澄好，人嫌泽润悭。"这是一组难以折衷调和的矛盾，涓滴之水汇为溪流后，固然有了气势，但泓澄可爱的性质也就逐渐丧失。"渐近尘泥涴"，无论于自身，还是于爱惜者，都是无可挽回的损失。

福宁州①蓝溪寺前蒙井 郑 樵

静涵空碧色，泻自翠微②巅。
品题当第一，不让慧山泉。

（见《夹漈遗稿》卷一）

【注】

①福宁州：宋代州名。州治在今福建宁德市霞浦县。 ②翠微：形容山色青翠。

【评】

人的见识有限，品尝过的泉水虽多，与大千世界中的所有相比，不过沧海一粟而已，为之分出高下，排列有序，不免唐突。"静涵空碧色，泻自翠微巅"，就是这样上好泉水，也多得无法计数。说它胜过惠山泉是可信的，但"品题当第一"的判断并无确凿依据。诗人姑妄言之，我们也就姑妄听之罢了。

煎 茶 释文珦

> 吾生嗜苦茗，春山恣攀缘。
> 采采不盈掬，浥①露殊芳鲜。
> 虑溷②仙草性，崖间取灵泉。
> 石鼎乃所宜，灌濯手自煎。
> 择火亦云至③，下令有微烟。
> 初沸碧云聚，再沸雪浪翻。
> 一碗复一碗，尽啜祛④忧烦。
> 良恐失正味，缄默久不言。
> 须臾齿颊甘，两腋风飒然⑤。
> 飘飘欲遐举⑥，未下卢玉川⑦。

（见《潜山集》卷四）

【注】

①浥（yì）：沾湿、湿润。 ②溷：同"混"。 ③至：此处指火的大小，烟的有无要掌握得当。 ④祛（qū）：摆脱、去掉。 ⑤两腋句本唐·卢仝《走笔谢孟谏议寄新茶》诗（俗称《七碗茶歌》）："七碗吃不得也，唯觉两腋羽清风生。" ⑥遐举：高飞远举。 ⑦卢玉川：即

71

卢仝，他自号玉川子。

【评】

制茶须功夫老到，煎茶亦然，包括濯手务求其洁净，用器须得其宜，火候要控制得恰到好处。如此这般，茶和泉的本性才能充分发挥，即诗中所说的不失其正味。饮者才有爽口称心的感受，或者也像卢仝那样，风生两腋，飘飘欲仙。

第三节 元 代

中泠泉① 尹廷高

衮衮②鱼龙浪气腥，江心何处认中泠。
茶边③滋味人知少，世上空疑陆羽经。

（见《玉井樵唱》卷上）

【注】

①中泠泉：古代名泉。传说在今江苏镇江市附近江心中。但迄今未见有具体描摹其所在方位及形色声势者。或因长江改道，久已湮没；或为好事者所诳张，无从考定。 ②衮衮（gǔn）：连续不绝貌。 ③茶边：犹茶余，饮茶之后。

【评】

诗人在真、润二州之间遍寻中泠泉而不得，不免怅然若失。"衮衮鱼龙浪气腥，江心何处认中泠?"泉水如在江心，而不与江水相混，恐怕不大可能。清人潘介就有这种经历，因而疑窦顿生。当时金山寺僧掘井建亭，设茶肆以售中泠茶水，潘在人头攒动中，几费周折，得饮数瓯，他饮后的感受是"味与江水无异"，大为失望。可见沽名钓誉者，还另有借名以捞取钱财的用心，所以耳食之言不可轻信。

惠 山 泉　尹廷高

石乱香甘凝不流，何人品第到茶瓯①。

可能一勺长安水，瞒得文饶②老舌头。

（见《玉井樵唱》卷上）

【注】

①瓯（ōu）：饮茶用的器具。　②文饶：唐大臣李德裕字。他出任丞相，住在长安（今陕西西安），仍饮驿传来京的惠山泉水。

【评】

惠山泉水自唐朝始，特富盛名。泉分上、中、下三池，以上池泉质最佳，甘香重滑，极宜煮茶，李德裕爱莫能舍，茶非惠泉水烹煮不饮，遂派专人驿递至京。诗人认为李过于痴迷，水从数千里外运来，未必是惠山泉水，即使从那里运来，时间久长，未必不变味。"可能一勺长安水，瞒得文饶老舌头。"深含讽喻，却又显得轻松、幽默。

题 惠 山　白　珽

名山名刹①大佳处，绀②殿翠宇开云霞。

陆羽乃事③已千载，九龙④诸峰元一家。

雨前茶有如此水，月里树岂寻常花。

奇奇怪怪心语口，无根柱杖任横斜。

（见《湛渊集》）

【注】

①名刹：一作古刹，即庙宇。　②绀（gàn）：天青色，一种深青带红的颜色。　③乃事：其事，指陆羽研究传播茶的事迹。　④九龙：山名，即惠山。上有九峰，下有九涧，风景绝佳。

【评】

好茶需要好水烹煮、浸泡，否则会导致茶损水味，水伤茶香。一般说来有好水处大都产好茶，产好茶处，也多有好水，正如诗人所体察、表述的："雨前茶有如此水（指惠山泉水），月里树岂寻常花。"此诗末联用语新奇，寓意深远，仿佛已全然摆脱尘世的种种羁绊，进入自由王国。

百字令·惠山酌泉　张可久

舣①舟一笑，正三吴②好处，天将僧占。百斛冰泉，醒醉眼、庭下寒光潋滟③。云湿栏干，树香楼阁，莺语青山崦④。倚花索句，终日登临无厌。

小瓶声卷松涛，俗尘不到，休把柴门掩。瓯面碧圆珠蓓蕾，强似花浓酒酽⑤。清入心脾，名高秘水，细把茶经点。留题石上，风流何处鸿渐。

（见《全金元词》下册）

【注】

①舣（yǐ）：使船靠岸。　②三吴：古地区名。三国吴·韦昭有《三吴郡国志》，其书久佚。通常以吴郡、吴兴、绍兴为三吴（本《水经注》），或以吴郡、吴兴、丹阳为三吴（本《元和郡县志》）。　③潋滟（liàn yàn）：水满貌。　④崦（yān）：山名，在今甘肃天水县西。后常用指日落的地方。　⑤酒酽：指酒味浓烈。

【评】

往惠山游览，无论远眺近观，都会感到悦目赏心。登山酌泉，最大的收获是"俗尘不到"，"清入心脾"，在一定程度上感受到陆羽风流倜傥，不染凡尘的滋味。

游惠山　张雨

水品古来差第一，天下不易第二泉①。

石池漫流②语最胜，江流湍急非自然。

定知有锡藏山腹，泉重而甘滑如玉。

调符千里辨淄渑③，罢贡百年离宠辱。

虚名累物果可逃，我来为泉作解嘲。

速唤点茶三昧手，酬我松风吹兔毫。

（见《名曲外史集》卷中）

【注】

①第二泉：指惠山泉。张又新《煎茶水记》假借陆羽的话，罗列二十种水次第之，庐山康王谷水帘水第一，无锡惠山寺石泉水第二。后人大都爱饮惠泉水，对康王谷水褒贬不一，此故谓"天下不易第二泉"。②石池漫流：陆羽评泉语，见其所著《茶经·五之煮》："其山水拣乳泉石池漫流者上。"　③"调符"句指唐·李德裕故事。李非惠泉水不饮，故远从常州无锡通过驿运调水入京城长安。劳民伤财，后人多有非议。淄（zī）：水名，即今山东境内的淄河，淄水比较浑浊。渑（shéng）：古水名。《左传·昭公二年》："有酒如渑，有肉如陵。"可见渑水水质较好。

【评】

这首诗的思想核在后四句：虚名累物，实即累民，比如惠泉，名噪千年，几乎人人都以一饮为快，因而贡茶之外，又要贡水，老百姓和一些低级官吏疲于奔命，为害极大。"罢贡百年离宠辱"，这是诗人美好的设想，实际无法实现，只得作诗"为泉解嘲"而已。

75

惠山泉 杨 载

此泉甘冽冠吴①中，举世咸称煮茗功。

路挂山腰开鹿苑，池攒石骨冈龙宫②。

声摇夜雨闻幽谷，彩发朝霞炫③太空。

万古长流那有尽，探源疑与海相通。

（见《杨仲弘集》卷六）

【注】

①吴：指古吴国的地域。　②攒（cuán）：簇拥。闭（bì）：关闭。
③炫：光采明丽夺目。

【评】

诗人把惠山泉写得有声有色，读之如身临其境。"路挂山腰"、"池
攒石骨"和"彩发朝霞"是描绘形色的；而"声摇夜雨"、"万古长流"
则主要是摹声的笔墨，所有这些都能把握其特征，显得个性鲜明，摇曳
生姿。诗人还善于概括，如开头两句把惠山泉的品质和功用标举出来，
笼盖全篇，简洁有力。

玉　泉① 元好问

玉水泓澄古展隅，又新名第不关渠②。

每因天日流金际，更忆风雷裂石初。

百里官壶分韵胜，千人斋粥荐甘余。

八功德③具休夸好，玩景台④荒有破除。

（见《元遗山诗集笺注》卷十）

【注】

①玉泉：全国有多处。此似指今浙江杭州余杭市的玉泉。旧在清涟
寺中，源于西山伏流数十里，至此始现。　②又新：人名，即《煎茶水
记》的作者张又新。渠：人称或物称代词，如同"他"、"它"。　③八
功德：泉水名，在今江苏南京钟山灵谷寺旁。　④玩景：似在清涟寺
东北。

【评】

诗人着力展示玉泉水的"功德"，因张又新《煎茶水记》没有提到
它，而深感不平。但物之美者，自然会脱颖而出，"百里官壶分韵胜，
千人斋粥荐甘余"就是明证。与名噪一时的八功德水相比，它的形质俱
有过之而无不及。

茗　饮　元好问

宿醒未破厌觥船①，紫笋②分封人晓煎。

槐火石泉寒食后，鬓丝禅榻落花前。

一瓯春露香能永，万里清风意已便。

邂逅华胥③犹可到，蓬莱④未拟问群仙。

（见《遗山集》卷十三）

【注】

①宿醒（chéng）：隔夜饮酒致醉，恹恹若酒。觥（gōng）船：古饮酒器，青铜制，器腹椭圆，有流及鋬。　②紫笋：古代茶名。其叶似笋芽，采摘时，叶片尚未全部转青，故称。　③华胥：传说中的国名，只可梦游的乐土。　④蓬莱：传说中的海上三神山（一说五神山）之一。

【评】

茶可醒酒，自古相传。诗人在"宿醒未破"，卧床不起时，特想饮茶。寒食后的新茶香味浓郁，一杯下肚，精神大振，像卢仝一般，"万里清风意已便"，那种安静、闲适，无拘无束的境界，谁不艳羡呢！

77

趵　突　泉①　胡祇遹

积原源深伏洑②洄，何年择地擘③山开。

石根怒激亭亭立，海气寒催滚滚来。

正喜茶瓜渐④玉雪，只愁风雨涌云雷。

尘缨汗服初公退，野友来临共一杯。

（见《紫山大全集》卷六）

【注】

①趵（bào）突泉：在今山东济南市西门桥南。　②洑（fú）：水潜流地下。　③擘（bò）：分开。　④渐（jiān）：洗涤。

【评】

泉脉原在地下潜流，或自行涌现，或为人刨出。趵突泉原有三眼，终年喷涌不绝，平均流量可达 1 600 升/秒。泉池近似方形，广约亩许，水质清纯甘冽，为济南七十二泉之首。用于烹茗，尤发茶香。可惜泉脉被挖断，今不时干涸，靠自来水维持，确乎可悲。趵突泉当日雄奇的身姿和气势只保留在前人的传神摹写上，如这首诗的第二联"石根怒激亭亭立，海气寒催滚滚来。"但愿这种动人的景象能很快恢复，济南（历城）这座古城也尽快重现"家家泉水，户户垂杨"的醉人风光。

石　泉　刘诜

重岩括元气①，云窦出涌泉。

迸流络广石，百尺高帘悬。

微风度午日，烨烨②生红烟。

始知穷幽讨，奇观满琰琏③。

我友趁奔鹿，搴裳陟其巅④。

蹇步独伶俜⑤，矫想为欣欢。

瓢汲试茶鼎，庶足凌飞仙。

（见《桂隐诗集》卷一）

【注】

①元气：大气，生生之气。　②烨烨（yè）：光辉灿烂貌。　③琰（yǎn）琏（yán）：玉石。　④搴（qiān）：撩起。陟（zhì）：登。　⑤蹇（jiǎn）：跛足。伶俜（pīng）：孤独飘零。

【评】

这首诗写石、写泉、写烟云变化，写汲泉烹茶，极富野趣。前四句写泉，是"石池漫流"的形象示现，"迸流络广石，百尺高帘悬。""络"字用得精当，可以说无可替代。其余部分都有光色，都有动感，像出岫的云彩在中午日光的照射下"烨烨生红烟"的状态，表明诗人观察之

78

细，感触之深。"瓢汲试茶鼎，庶足凌飞仙。"茶作为主体，起到把人引入仙境的作用。

瑞鹧鸪·咏茶　马　钰

卢仝七碗已升天。拨雪黄芽①傲睡仙。虽是旗枪为绝品，亦凭水火结良缘。　　兔毫盏热铺金蕊②，蟹眼汤煎泻玉泉③。昨日一杯醒宿酒，至今神爽不能眠。

（见《全金元词》上册）

【注】

①黄芽：尚未转青的幼嫩茶芽。　②金蕊：即黄芽，不过已经冲泡。　③玉泉：泉名。北京、杭州等多处都有名玉泉者，不知此处所指为何。

【评】

文学作品的动人之处，是用平平常常的语言，真真切切地表达出几乎人人都体验过，却没法说清楚的道理来。如这首词里的"虽是旗枪为绝品，亦凭水火结良缘"就是个突出的例证。沏茶须用优质泉水，在煮水烧汤过程中，如何控制火力的大小和时间的长短，都关系到成茶的优劣成败，否则即使有好茶好水，也泡不出令人口爽心醉的茶汤来。

第四节　明　代

会宿成均汲玉兔泉煮茗诸君联句
不就因戏呈宋学士①　高　启

玉兔如嫌桂宫冷，走入杏花坛下井。
嫦娥无伴每相寻，水底亭亭落孤影。

曾捣秋风玉臼霜，至今泉味带天香。

玉堂仙翁欲饮客，鹿卢②半夜响空廊。

斋灯明灭茶烟里，醉魂忽醒松风起。

只愁诗就失弥明③，残雪满庭寒似水。

（见《高青丘集》卷九）

【注】

①宿成均：人名，身世不详。宋学士：即宋濂，由翰林院编修累官至翰林学士承旨。　②鹿卢：同辘轳，汲水器械，类似滑轮。　③弥明：全名为轩辕弥明，韩愈《石鼎联句》中的人物。

【评】

诗人由泉名"玉兔"生发联想和想像，把它和月里嫦娥和玉兔的神话传说融合在一起，显得空灵邈远，而又有鲜明生动的形象可靓，虚虚实实，极富变幻。

玉兔泉在江苏南京府学东廊前。

石井泉① 高 启

清泉生石脉，冷逼煮茶亭。

净映银床色，明开玉鉴②形。

分秋归客鼎，汲月贮僧瓶。

树影沉泓碧，苔文渍壁清。

热中尝可涤，醉后漱堪醒。

品第宜居首，谁修旧《水经》③。

（见《高青丘集》卷十三）

【注】

①石井泉：具体所在无考。　②玉鉴：用玉磨成的镜子。形容井水澄清明丽。后面的"泓碧"是对它的补充。　③旧《水经》：主要指唐·张又新的《煎茶水记》。

【评】

诗歌的首联交代泉的位置和它的水质。"生石脉",从石缝里溢出的水自然洁净、清凉。接着用一半的篇幅写井的形色,其中还穿插着包括诗人在内的茶事活动。后四句谈茶的消暑、涤烦和醒酒的功用。并对《水经》对七泉、二十泉的品第质疑。窥一斑可知全貌,结构紧凑,语言精炼,是古今茶诗中的佼佼者。

游 慧 山① 文徵明

几度扁舟②过慧山,空瞻紫翠负跻③攀。
今年坐探龙头水④,身在前番紫翠间。
慧山清梦特相率,裹茗来尝第二泉。
惭愧客途难尽味,瓦瓶汲取趁航船。

(见《文徵明集》卷十四)

【注】

①慧山:即惠山,在今江苏无锡市。 ②扁(piān)舟:小船。
③跻(jī):登、升。 ④龙头水:惠泉分上、中、下三池,上池水质最佳。龙头水即上池之泉水。

【评】

文徵明一行观赏了虎丘风物之后,又乘船来到惠山。对于惠山泉水,诗人情有独钟。他裹茗而来,汲泉烹煮。在畅饮一番之后,还要"瓦瓶汲取趁航船"。他如此爱茶爱泉,怪不得他的茶诗茶画不仅数量多,而且品位也高,影响相当深远。

咏慧山泉 文徵明

少时阅《茶经》,水品谓能记。
如何百里间,慧泉曾未试。

名泉名水泡好茶

空余裹茗兴，十载劳梦寐。

秋风吹扁舟，晓及山前寺。

始寻琴筑①声，旋见珠颗泌②。

龙唇雪渍③薄，月沼玉淳泗④。

乳腹信坡言⑤，圆方亦随地。

不论味如何，清澈已云异。

俯窥鉴须眉，下掬⑥走童稚。

高情殊未已，纷然各携器。

昔闻李卫公⑦，千里曾驿致。

好奇虽自笃⑧，那可辨真伪？

吾来良已晚，手致不烦使。

袖中有先春⑨，活火还手炽。

吾生不饮酒，亦自得茗醉。

虽非古易牙⑩，其理可寻譬。

向来所曾尝，虎阜⑪出其次。

行当酌中泠，一验逋翁⑫智。

82　　（见《文徵明集》卷一）

【注】

①筑：古乐器名，形似筝，有十三弦。　②泌（bì）：从地下直接涌出的泉水。　③渍（pēn）：泉水从地下涌出。　④泗：古州名。治所原在临淮，清康熙年间州治陷入洪泽湖。　⑤坡言：苏轼的话。苏轼《求焦千之惠山泉诗》中有"浅深各有值，方圆随所蓄"的话。　⑥掬：捧。一掬，一捧。　⑦李卫公：李德裕，唐武宗时出任宰相长达六年之久。他在长安期间，仍坚持饮用惠泉水，开驿运泉水之先河。　⑧自笃：奋发图强，并严格要求自己。　⑨先春：古茶名，采制于早春，故名。　⑩易牙：春秋时期齐国大臣，长于逢迎，传说曾烹其子为羹，献给齐桓公。　⑪虎阜：即虎丘，在今江苏苏州市。　⑫逋翁：唐·顾况字。

【评】

这首诗较长，写携"先春"绝品茶，乘船往惠山汲泉烹茗的全过程，贯串其中的是俗念渐消，高情迭起的体验。这种经历和体验，苏轼有，顾况也有。称颂惠泉包含听觉、视觉、味觉等多方面的反应，有较大的起伏开合，也有精雕细刻的展示，变化多却又不失其自然面目。

三月晦徐少宰同游虎丘① 　文徵明

> 海涌峰头宿雾开，王珣②祠畔少风埃。
> 林花落尽春犹在，岩壑无穷客又来。
> 水啮沧池③消剑气，云封白日护经台。
> 一樽不负探幽兴，更试三泉④覆茗杯。

（见《文徵明集》卷十三）

【注】

①晦：阴历月终。少宰：古为太宰之副，一般是对吏部侍郎的别称。　②王珣：字德润，成化（1465—1487）进士，在任御史期间，曾行部苏松，为错定为盗者平反，当地百姓感恩戴德建祠礼拜。　③沧池：即剑池。　④三泉：即惠泉。惠泉分上、中、下三池。

【评】

寻常百姓家都希望过丰衣足食的太平日，诗人偕友人游虎丘正是明朝处于和平安定时期，"水啮沧池消剑气，云封白日护经台。"对苏州人来说这样的好辰光与王珣公正清廉为民作主是分不开的。诗人及其同行者也为之游兴大增，"一樽不负探幽兴，更试三泉覆茗杯"，看来茶已成为祥和的象征。

七宝泉① 　文徵明

> 何处清泠结静缘，幽栖遥在太湖边。

扫苔坐话三生石②，破茗③亲尝七宝泉。

翠竹传声云袅袅，碧天流影玉涓涓。

高人④去后谁真赏？一漱寒流一慨然。

（见《文徵明集》补辑卷十）

【注】

①七宝泉：疑在今浙江杭州余杭市吴山南。其山名七宝山，山中有七宝寺。七宝泉可能在山间寺旁。　②三生石：在今浙江杭州余杭市下天竺寺后山。　③破茗：诗人一行携带的是团饼茶，故而要"破"。④高人：似指唐人李源与圆泽。两人友善，几乎不能分离。圆泽将亡，与李源约定十二年后在杭州相见。李源按时前往赴约，有牧童歌曰：三生石上旧精魂，赏月吟风不要论。惭愧情人远相访，此生虽异性长存（事见《甘泽谣》）。

【评】

此诗一开头就提出一个有关人生观的大问题："何处清泠结静缘？"山寺、泉水和"野人"，都可与之"结静缘"，前提是自身要消除俗念，澄净心源。诗人欣赏的是"翠竹传声，碧天流影"，这种感受是爱泉之心孕育出的。但像李源、圆泽那样可与之"结静缘"的人却少而又少，想到这里，诗人怎能不"一漱寒流一慨然"！

84

虎跑泉和坡翁韵①　孙承恩

远续曹溪②水更香，云腴深瀁石阴凉。

百灵呵卫天龙啸，一线潜通地脉长。

病体偶从窥胜迹，尘心应得悟迷方。

为邀陆羽来同宿，击火烹茶试共尝。

洞口生风薜荔③香，万松阴护佛龛凉。

禅僧独对青山老，游子贪依慧日长。

世故极知俱幻想，安心何用觅奇方。

探幽笑我真成癖，一滴甘泉合试尝。

（见《文简集》卷二十二）

【注】

①虎跑泉：在今杭州西湖西南隅大慈山下，水自山岩间渗出，晶莹透亮，清凉醇厚。有"龙井茶叶虎跑水"之美誉。附近有庙宇，唐元和年间（806—820）建，原名定慧寺，继改名广福院，后定名虎跑寺，始建者为性空大师。此诗以曹溪与之相比，盖因其与佛门有因缘关系。坡翁：对苏轼的尊称。此篇和苏轼《虎跑泉》诗韵。 ②曹溪：溪名。在广东韶关市曲江县城东南约25公里处。唐代禅宗六祖慧能曾居此，大兴佛法。后被佛徒视为我国佛教源头之一。 ③薜荔（bì lì）：植物名，亦称木莲、鬼馒头。桑科，常绿藤本，含有乳汁。

【评】

写虎跑却远从曹溪落笔，这样，既富于腾挪变化，又突出了茶禅一味的主旨，显得简洁而又峭拔。末四句笔墨疏淡，却深含生活哲理，值得反复吟诵、体味。

煎 茶 图　徐祯卿

惠山秋净水泠泠①，煎具随身挈②小瓶。

欲点云腴③还按法，古藤花底阅《茶经》。

（见《古今图书集成·食货典》卷二九五）

【注】

①泠泠（líng）：清凉貌。 ②挈（qiè）：提携。 ③云腴（yú）：精心采制的茶，亦指美好的茶汤。

【评】

茶的烹煮冲泡，须尊重前人的经验，即诗人所说的"按法"。"古藤花底阅《茶经》"，把茶理参透，依法而行，茶香水味才有可能充分发挥出来。

陆羽泉① 王世贞

康王谷瀑中泠水②，何似山僧屋后泉。
客至试探禅悦味，玉团初辗浪花圆。

（见《弇州山人四部稿》卷五十二）

【注】

①陆羽泉：泉名"陆羽"、"陆子"的颇多，大抵出于对茶圣陆羽的崇敬和借重。此陆羽泉似指上饶广教僧舍旁的泉水。亦称"陆子泉"。宋·韩元吉《南涧甲乙稿·两贤堂记》云："广教僧舍，在（上饶）城西北……有茶丛生数亩，故老相传唐·陆鸿渐（羽）所种也，因号茶山。泉发砌下，甚乳而甘，亦以陆子名。" ②康王谷瀑：瀑布名，在庐山（今属江西）。唐·张又新《煎茶水记》将它列为天下第一泉（借陆羽口）。中泠水：泉名。在镇江附近扬子江心中。亦被列为天下第一泉（借刘伯刍之口）。

【评】

这首诗品泉，特重其中蕴涵的禅味。因此，诗人并不以《煎茶水记》为依据，大肆宣扬谷帘泉（即康王谷瀑）和中泠泉的水品质如何好，却看重"山僧屋后泉"，因为它不止水味正，禅味尤浓，这样就把康王、中泠两个"第一"比下去了。如此评泉，确实富有个性，富有远见卓识。

涌泉庵① 焦竑

石磴盘云鸟道通，一庵宛转翠微②中。
浮生冉冉③僧初老，时事棼棼④梦已空。
过雨梅泉翻净碧，得霜枫砌堕危红。
何当长此观心坐，茶燕⑤炉熏午夜同。

（见《焦氏澹园集》卷四十二）

【注】

①涌泉庵：不明具体所在。　②翠微：山岚缥缈处。　③冉冉（rǎn）：此指时光慢慢地不停地逝去。　④棼棼（fén）：纷乱貌。　⑤燕：通宴。

【评】

这是一首情景交融的好诗，或者说这首诗是用画笔写成的，其中包含着人性和佛理。写景笔墨有淡有浓，像头两句是素描，勾出寺庙及其背景，颔联抒发对人生和世事的感叹，轻描淡写，颇有概括力。颈联突出泉水有声有色，笔力遒劲。结尾的"观心坐"是思想核心。禅意禅味甚浓。佛家认为人皆有佛性，"观心坐"的目的就是"明心见性"，进而"见性成佛"。

茶　灶　胡应麟

夜风起南轩①，然藜煮雀舌②。

山童荷担归，满瓮严陵③月。

（见《少室山房集》卷七十九）

87

【注】

①轩：有窗槛的小室。　②藜（lí）：植物名，一年生草本，其嫩叶可食，干枯的茎叶，可作燃料。雀舌：茶叶名。指细嫩的茶芽。　③严陵：似指严濑，岸边是严子陵钓台。

【评】

张又新的《煎茶水记》将桐庐的严陵滩水排在第十九位，总算"榜上有名"。当时桐庐不但以产茶著称，而且盛产鲥鱼。官府见有利可图，增加土贡数量，或勒索钱财，弄得民不聊生。这首诗描述月夜在桐庐江畔烹饮雀舌的情趣。"山童荷担归，满瓮严陵月"，多么清丽的景色，多么高雅的享受！

题石田①品泉图 文 嘉

唐子西云：水无恶美，以活为上，故中泠②第一，惠泉次之。茶乡乃欲抑江扶惠，宜其不能服石田诸公也。幼于以此卷索题，因次韵以复。

江水山泉偶并尝，新茶初试得清忙。
已欣陆子③能题品，更喜吴君④为较量。
扬子江心真活泼，惠山岩下有清香。
不须调水将符⑤递，千石清风自不忘。

（见《文氏五家集》卷九）

【注】

①石田：沈周，字石田，明代著名画家，与唐寅、文徵明、仇英齐名，时称四大家。 ②中泠：泉名，在镇江附近扬子江心。早已湮没不闻。 ③陆子：陆羽。 ④吴君：似指以沈周为代表吴地诸公。幼于或亦在其列。 ⑤符：符节。古时持以出入关卡的凭证。

【评】

评论泉水的优劣，不完全一致，本是正常的现象，但各立门户，互不相融，则不免偏激、徇私。其实人的嗜好和欲望有同有异，求同存异，才有可能平心静气地进行交流，从而达到和谐一致的目的。何况前人评水多凭感观上的直觉，比如是清是浊，是甘是苦，各陈其感观印象，没有定准。惟一不为主观所左右的是按水的轻重论优劣，尽管它是否科学，尚难判定，但这种检测的手段无疑是科学的。

白乳泉① 袁宏道

一片青石棱②，方长六大字。

何人妄刻画，减却飞扬势。

泉久淤泥多，叶老枪旗③坠。

纵有陆龟蒙④，亦无茶可试。

（见《袁中郎全集》卷二十八）

【注】

①白乳泉：矿物质含量较高的泉水，其味一般甘冽醇厚，煮茶烹茗尤为可口。这篇描述的白乳泉，不详具体所在。或即今安徽怀远县望淮楼附近的白乳泉。 ②石棱：此指边角分明突出的石块。 ③枪旗：双关语，一指细嫩的茶叶，一指炫耀威势的手段。 ④陆龟蒙：唐代文学家，隐居不仕，性格豪放。"嗜茶，置园顾渚山下，岁取租茶，自判品第。"（见《新唐书·隐逸传》）

【评】

此白乳泉属石池漫流一类。诗歌前半写石，石上刻了六个大字，不详其何。"何人妄刻画，减却飞扬势"。此处有歧义，既可理解为刻六个大字的人，也可释为于六字之外，又胡乱刻画。"减却飞扬势"似应指石。后半写泉，泉水从石缝中溢出，一般都不带泥沙，但此泉无人疏浚，渐有淤泥沉积，就像茶树已老，枪旗无力支撑。即使出现像爱茶种茶的陆龟蒙那样的，面对稀疏苍白的老茶园，也无能为力。

89

无锡夜汲惠山泉烹茶时

方读《华严》①戏作 袁中道

笠盖覆青瓷，提来三两升。

好茶烹一盏，供养看经僧。

（见《珂雪斋前集》卷二）

【注】

①《华严》：佛经名。全名《大方广福华严经》，其主旨在于说明世间诸事物的相互依存、相互制约的关系。只是运用诡辩手法宣扬佛教唯

心主义的世界观。

【评】

诗歌从另一角度说明茶与禅的特殊关系。和尚或尼姑每天都要念经、参禅，不免感到枯燥、疲惫，因此需用茶来提神养性，驱除睡魔。诗的前三句依次写汲泉、烹茶，末句点明题旨，表述对"看经僧"的爱护和尊重，若隐若现地透露茶佛一味涵蕴。

蕉雨轩尝水　范景文

片片岘山①云，朝来看起止。

此外无一事，睡足惟品水。

中泠以意寻，想像江心底。

慧②称第二泉，远汲尘易滓③。

何如碧苕溪④，潺潺来城里。

入目快平远，挹⑤之清且美。

便泼洞山⑥芽，雪花泛冰蕊。

泉味与茶香，相和有妙理。

细嚼润枯喉，泉脉湿灵肺。

白石点作汤，并以砺⑦吾齿。

（见《文忠集》卷十）

【注】

①岘（xiàn）山：山名。在湖北襄阳南。东临汉水，为襄阳南面的要塞。　②慧：即惠山。在今江苏无锡市。　③滓（zǐ）：液体下面沉淀的杂质。　④苕（tiáo）溪：溪名。在浙江省北部，有东西两源，分而后合，流入太湖。　⑤挹（yì）：舀取，汲取。　⑥洞山：山名。在江苏宜兴浙江长兴之间，所产芥茶最为有名。　⑦砺：打磨使之锋利。

【评】

中国有以闲为乐的传统，不过乐中也有苦（主要是苦恼），比如夏天到了，"日长似小年"，如何打发这长得怕人的白昼，就是一个颇为棘手的问题。"片片岘山云，朝来看起止。"看云的出没，情也悠悠，意也悠悠，倒也乐在其中。但总不能追踪行云一整天。"此外无一事，睡足惟品水。"品水，有的是实尝，无疑是一番享受，有的是想像，"中泠以意寻，想像江心底"。这两句是写"中泠"最实在同时也最空灵的笔墨。如同王维"江流天地外，山色有无中"的诗句那样，若有若无，变幻莫测，给人一种审美的兴奋。但诗人不改他务实的态度，看上了"入目快平远"的苕溪水也领悟到"泉味与茶香，相和有妙理。"诗人洞察这种妙理，也就闲得谐和，充满理趣。

<h1 style="text-align:center">虎　井^①　谭元春</h1>

披榛^②求山泉，寂寂入远镜。

山泉出山浊，不如在山井。

纡曲断行人，藓气敛碧冷。

上无杆与栏，下无瓶与绠^③。

浅汲不盈盂，微月生盂影。

坐对茗床间，色味深以永。

钟磬善护之，幽庵正隔岭。

（见《谭友夏合集》卷十六）

【注】

①虎井：井名，不详其所在。　②榛（zhēn）：落叶灌木或小乔木。早春开花，结小坚果，可食。　③绠：汲取井水用的绳索。

【评】

"山泉出山浊，不如在山井。"诗人深谙此理，故而不顾夜黑山深，荆榛密布，摸索着上山寻井。山井终于出现，但"上无杆与栏，下无瓶与绠"，费了九牛二虎之力，才汲得"不盈盂"的少量泉水，经过烹煮，总算尝到"色味深以永"好茶的真味。此时隔岭幽庵的钟磬之声飘然而

91

至，更是别有一番滋味。

谢吴东涧①惠悟道泉　吴　宽

试茶曾忆廿年前，抱瓮倾来味宛然。②

踏雪故穿东涧屐，迎风遥附太湖船。

题诗寥落③怀诸友，悟道分明见老禅④。

自愧无能为水记⑤，遍将名品与人传。

（见《吴都文粹续编》卷三十三）

【注】

①吴东涧：人名，生平事迹不详。　②宛然：此指二十年后的泉水几乎与当年没有什么两样。　③寥落：空虚、寂寞。　④老禅：老禅师。悟性高，道行好的佛徒。　⑤水记：指类似《煎茶水记》的著作。

【评】

泉名自身就把茶、泉和悟道联系起来。可见茶禅一味功底很深，源远流长。全诗流溢着恋旧、守旧的情思。

饮惠泉有感　陈继儒

陆羽竹炉寒，清泉气若兰。

如何出山后，便作下流看！

［见《晚香堂小品》（上）］

【评】

诗人围绕"出山"二字做文章。泉水大多出山，因为水势趋下，不得不然，除非泉源枯竭，或者涓滴而出，无可流淌。泉源在高山深谷中，那里清新自然，少有污染物，故而大体能洁身自爱，人若出山，必有所求，心源就已不净，加上一路受污染，怎能保持身心的洁净。所以一旦出山，就很难逃离"便作下流看"处境。诗人多才多艺，却一直过着隐居的生活，多次被征召，皆不为所动。看来他也曾就出山还是不出山这个问题进行过冷静的思考，"终南捷径"说在世间广为流传，事实上走这条捷径的人也确乎不少，他怎能视而不见或充耳不闻。

第五节　清　　代

归来泉歌答金坛①于惠生曹汝真 　　钱谦益

小桃舒红落梅白，小寒②山中茶欲摘。

松风徐吹石火新，炉烟轻飏纱帽侧。

迟君双屐③到渔湾，啸咏新泉古涧间。

剩将诗笔评泉品，何似匡山与惠山。

（见《牧斋初学集》卷十五）

【注】

①金坛：旧县名，今改为市，隶属江苏省常州市。　　②小寒：二十四节气之一。《月令七十二候集解》："十二月节，月初寒尚小，故云，月半则大矣。"小寒在阳历1月6日前后。　　③屐（jī）：通常称木底鞋。

【评】

小寒之后，正值隆冬时节，茶芽不过米粒大小。有些地方在官吏的催逼下，已开始采茶，炒制出的成茶谓之"先春"，多作为贡茶，运往京师。地方的大小官吏以及某些家底较厚的好事者，也有仿效的。钱谦益是有名的学者，官阶也高（做过侍郎、尚书），当然有这种福分。归来泉是新开出来的，附近又有古涧，煮茶用水有选择的余地。可分别用古涧、新泉的水烹煮先春茶，而后品饮。茶汤的滋味究竟如何哩？"剩将诗笔评泉品，何似匡山与惠山？"匡山指庐山康王谷帘泉，惠山指惠山泉水，此二水被《煎茶水记》排在第一、第二位，可与之比优劣者，定非凡品，无须明言。

惠山二泉亭为无锡吴邑侯①赋　吴伟业

九龙山②半二泉亭，水递名标陆羽经③。

寺外流觞何处访，公余飞舄④偶来听。

丹凝高阁空潭紫，翠湿层峦万树青。

治行吴公今第一，此泉应足胜中泠。

（见《吴梅村集笺注》）

【注】

　①吴邑侯：姓吴的县令或知府。　②九龙山：即惠山。《太平寰宇记》："九龙山，一名冠龙山，又曰惠山，一曰九陇山。"　③陆羽经：陆羽《茶经》似未提及惠泉。　④舄（xì）：鞋。

【评】

　诗人把地方官的政绩和山泉的品位联系起来固然有些牵强附会，但二者也不无关连。古代的清官循吏都重视一个"简"字和一个"闲"字，总之不愿劳民、烦民。政求其"简"，老百姓的担子就轻，身心就比较的自由，日子就比较好过。当官的"公务"也相对减少，因而有暇来听听清泠泠的泉声，看看"丹凝高阁空潭紫，翠湿层峦万树青"的美景。如此这般，惠泉的水质也就非中泠可比。末联是想像之言，主要用来烘托政简民安的社会环境。

惠泉歌　方　文

惠山之泉天下闻，惠泉酿酒良清芬。

平生雅嗜惠泉酒，恨未一看惠山云。

比年来往东吴路，舟人不肯少亭驻。

引领云山兴欲飞，一水迢迢阻官渡。

今夏冒暑无锡过，役夫疲困南风多。

道傍密阴且休息，因之理策登山阿。

千章①夏木乱岗岭，中有方亭覆二井。

一井泉甘一井苦，甘者行汲苦照影。

山水性情何瑰奇②，咫尺之间分淳漓③。

世人不识山水理，但闻惠泉便云美。

予家乃在龙瞑山④，中有清泉日潺潺。

其味与此正相似，从不著名于人间。

乃知山水亦有幸不幸，所居冲⑤僻是其命。

陆羽品泉亦偶尔，如谓真有第一第二吾不信。

（见《涂山集》卷三）

【注】

①章：高大的木材。　②瑰奇：特出的，不同寻常的。　③漓
(lí)：此指薄酒。　④龙瞑山：山名。似即龙眠山，在今安徽省桐城市。
桐城是诗人的故乡，他开凿的新泉又取名"归来"，故可判定山在该市。
⑤冲：交通要道。

【评】

写泉水的诗歌作品，多以惠泉为主体，而且一般都唱歌，千部一
腔，委实显得单调乏味。这首诗以《惠泉歌》为题，但表达的主体却不
是惠泉而是诗人故乡龙眠山的古涧和由他领头开凿的"归来"泉。他经
过考查品尝，得知惠山的两口井，一者甘，一者苦，不是众口一词的甘
美，所以他批评说："世人不识山水理，但闻惠泉便云美。"另外还在结
尾处直言不讳地否定将泉名排出次第的荒唐做法："乃知山水亦有幸不
幸，所居冲僻是其命。""陆羽品泉亦偶尔，如谓真有第一第二吾不信。"
这是肺腑之言，亦是颠扑不破的真理。

95

趵突泉歌　　方　文

山东诸郡济南大，齐州自古称都会。

中有名泉七十二，尤以趵突泉①为最。

趵突发源王屋山②，伏流千里来河间。

历城③西南始涌出，平地三穴如轮辗④。

雪涛喷薄高数尺，又如瀑布冲激石。

散为泺水⑤入清河，委输东海无朝夕。

泉上嵯峨⑥楼复亭，香龛⑦绣幕供仙灵。

道人煮茗待游客，自向波心汲一瓶。

（见《涂山集·鲁游草》）

【注】

①趵突泉：我国著名泉水，在今山东济南市。　②王屋山：在山西垣曲与河南济源等地间。　③历城：济南市古称。　④轮辗：车轮辗压（而成）。　⑤泺水：古水名。源出今山东济南市西南。　⑥嵯峨（cuó é）：高峻貌。　⑦龛（kān）：供奉神像或佛像形同小木屋或石屋的台子。

【评】

诗歌全方位地映现趵突泉的形象，至于它的功能，只用淡墨加以点染："泉上嵯峨楼复亭，香龛绣幕供仙灵。道人煮茗待游客，自向波心汲一瓶。"瀹茶原是它的主要功用，而今时过境迁，人们去旅游，恐怕宁愿喝用自来水冲泡的茶，也不去汲饮趵突泉水了。

偶得玉泉水试敬亭绿雪茶① 施润章

渴比玉川子②，茶思桑苎③煎。

今朝烹绿雪，山客饷④清泉。

甘露初尝日，秋兰未放前。

官闲饶胜事，心赏向谁传。

（见《学余堂诗集》卷五十三）

【注】

①玉泉水：似指宣城（今属安徽）某山中的泉或泉亦名玉泉。敬亭

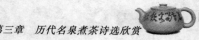

绿雪：茶名。　②玉川子：唐人卢仝自号。　③桑苎：唐人陆羽自号桑苎翁。　④饷（xiǎng）：用饮食款待客人，或赠送饮食物品与人。

【评】

敬亭绿雪茶产于安徽宣城（今宣州市）的敬亭山，也就是李白诗中所谓"相看两不厌，唯有敬亭山"的那座著名的小山。诗人的老家在宣城，对于敬亭绿雪，他自然情有独钟，为了两全其美，"山客"特意汲取品质最好的玉泉水送来给他冲茶。由于他爱民如子，平安无事，他尝到官闲的甜头，又品尝看好水冲泡的好茶，其乐融融，急欲向人倾诉，又不知从何说起，跟谁恳谈。这与独对敬亭山的李白的处境自有天渊之别。

惠山寺试泉　施闰章

自蓄沧浪意^①，寻源过竹房。
松风清入听，雪乳^②快初尝。
觅洞知泉穴，披云卧石床。
中泠复何似，留赏下斜阳。

（见《施愚山先生学余诗集》卷三十一）

【注】

①沧浪意：对水的情意，即接近水、了解水、品尝水的欲望。　②雪乳：用先春茶泡的茶汤。

【评】

诗写在惠山寺试泉的经历（包括心理活动的历程），前半都是快节奏的，表现出急切、欢快的心情："松风清入听，雪乳快初尝。"后半卧游，身静而心动，随意之所之，不受时间和空间的约束，像中泠泉，早已不知其所在，仍然可驾驭想像之舟去游览一番，尽管夕阳已西下，如此身心舒畅的沧浪之游仍然可以连续不断。

97

中国茶文化丛书

灵山寺①听泉　　吴　绮

禅林②尘事少，雨过一亭开。

境静声难隐，泉高响自来。

百盘穿冷翠，一道下惊雷。

童子烧红叶，烹茶日几回。

（见《林蕙堂全集》卷十六）

【注】

①灵山寺：安徽繁昌县旧有灵山寺，不知诗人所写可是此寺。
②禅林：一作丛林，僧众聚居的寺院。《林蕙堂全集》卷十六原作
"旃林"。

【评】

诗人吴绮一度寄居歙县，无论北上还是东移（他做过湖州太守），
都有可能经过繁昌。诗歌将禅事与茶事结合起来，同时融进自己的山林
之念，展示了类似"曲径通幽处，禅房花木深"的境界，不过它更显得
幽深、冷峭。末联"童子烧红叶，烹茶日几回"，给人以亲切感，表现
了他对茶与茶事爱恋之情。

98

题陈曼生《珠泉读画图》　　王夫之

济南风景天下传，胜游况是珍珠泉①。

秋堂读画遂终日，夜火烹茶殊未眠。

苦竹甘蔗各滋味，明窗大几皆云烟。

蓬蓬衙鼓自朝暮，此处雅人无俗缘。

（见《船山诗草》卷十四）

【注】

①珍珠泉：在山东济南市，有南北二泉，南泉在铁佛巷东，已淤；

北泉在白云楼前。清·王昶《珍珠泉记》描述道："泉从河际出，忽聚忽散，或断或续，忽急忽缓。日映之，大者为珠，小者为玑，皆自底以达于面。"

【评】

如王昶所述，珍珠泉从河际涌出，聚散不定姿态万千，特别是在阳光照耀下，珠光闪烁，令人眼花缭乱，它们又跳动不已，忽隐忽现，像是一群喜欢挑逗人的可爱的小精灵。济南原就以泉水闻名于世，所谓"家家泉水，户户垂杨"，颇有江南水乡的风光。如今有的泉脉已被切断，七十二个名泉所剩无几，欲恢复旧貌已不可能，但愿幸存能保持下来。山东原是不产茶的地域，近年来试种成功，且日见其多。要饮好茶，须有好的泉水，所以保护好现存的泉水，不仅有利于改善人民的日常生活，更有利于发展山东的茶业。

宝云井[①] 汪琬

松间涌古泉，上下百尺縆。
值此槐火新[②]，客来斗奇茗。

（见《尧峰文钞》卷四十八）

【注】

①宝云井：在苏州横山尧峰院，相传宝云禅师所开，水味甘寒，最宜瀹茶。 ②槐火新：我国古代风俗，寒食断炊，次日用槐树钻而生火，谓之"新火"。

【评】

"松间涌古泉"，已是一大奇观，而它的深度竟达百尺，着实令人叹为观止。此时新茶已陆续上市，南方斗茶之风盛行，参与者不但要物色绝品茶，还得张罗不受污染，且具有甘、寒、活特性的泉水，这样，宝云井水陡然身价百倍，斗茶（比赛茶艺）就在近旁进行，这偏僻的所在，也就顿时热闹起来。

99

初登惠山酌泉　查慎行

九龙①蜿蜒来，垂首倒吸川。
喷云泄乳窦②，至味③淡乃全。
我携阳羡④茶，来试第二泉⑤。
山僧导我至，古木枝参天。
不知阅几朝，仰视皆苍烟。
荫此一眼碧，自然得澄鲜。
出山岂不清，真赝⑥恒相悬。
瓶罂列市肆，例索三十钱。
挹注苦被欺，向来殊可怜。
会当置符调，此法休轻传。

（见《敬业堂诗集》卷二十二）

【注】

①九龙：惠山又名九龙山。故称九龙。　②乳窦：布满钟乳石的洞穴。　③至味：最好的滋味。　④阳羡：古县名，治所在今江苏宜兴南。六朝时移至今宜兴。　⑤第二泉：即惠泉。唐·张又新《煎茶水记》假陆羽之口将其列为天下第二泉。　⑥赝（yàn）：假冒的、伪造的。

【评】

当我们冷静地回忆自己的某些生活经历时，就会发现这样一种现象或称之为规律：凡是平平常常的事物，都包含着真善美。就像诗人被惠山泉的盛名吸引、目视、口尝的感觉一样。如说："喷云泄乳窦，至味淡乃全。"淡到不能再淡，也就是纯到不能再纯，到了这种境界，任何弄虚作假的念头都萌生不起来，因为明镜高悬，虚假、丑恶的东西一出手就原形毕露，结果是老鼠过街，人人喊打，岂非自找苦吃，自讨没趣。泉水的符调虽不易掺假，但劳民伤财，也不能保全原汁真叶，这种做法，理应明令禁止，否则后患无穷。

游虎跑泉寺　徐　钬

山路馥幽花，探泉入溪谷。

篮舆①过寺门，石骨乱飞瀑。

跨涧饮列虹②，方池浸寒玉。

朱鳞戏碧波，翠藓上斑竹。

绀殿③俯冬青，齐奉古天竺④。

携樽塔院西，野梅傍山麓⑤。

因想坡公⑥游，葛巾连野服。

引甃⑦夜月凉，树下《茶经》续。

甘冽赛中泠，七碗驱烦浊。

余亦挂诗瓢，聊步古人躅⑧。

藉此一泓清，鉴彼须眉绿。

（见《虎跑定慧寺志》）

【注】

①篮舆：竹轿子。　　②列虹：此处指代飞瀑。　　③绀殿：指庙宇。绀（gàn）：天青色。一种深青带红的颜色。　　④天竺：山名，亦寺名。在灵隐寺前，飞来峰后。　　⑤麓（lù）：山脚。　　⑥坡公：指苏轼。他自号东坡。他游虎跑泉后，作有《虎跑泉》诗，其中有"僧来汲月归灵石，人到寻源宿上方"句，此诗"葛巾"、"野服"云云，或是由此引发的联想。　　⑦甃：井壁。"引甃"似应为"引绠"。　　⑧躅（zhú）：足迹。

【评】

诗人采用移步换形的手法展示游虎跑泉寺的经历。全篇充满泉情和野趣。无论是幽花、飞瀑、朱鳞、斑竹，或是葛巾、野服，都显得优美、自然，不带一丝半点的尘俗气味。结尾部分集中笔写泉、写茶，成功地表达了他那清雅的茶情和泉趣。

101

锡　山① 　　爱新觉罗·玄烨

朝游惠山寺，闲饮惠山泉。
漱石流仍洁，分池②溜自圆。
松间幽径辟，岩下小亭悬。
聊共群工濯，天真本浩然。

（见《圣祖仁皇帝御制文集》卷四十）

【注】

①锡山：惠山的支脉，在今江苏无锡市。陆羽《惠山记》："山东峰当周秦间大产铅锡，故名锡山。"　②分池：惠山泉水分三池蓄水，其中以上池水质最佳。

【评】

清代的康熙帝是位明君，他爱游山观水，但不像乾隆那样滥，在主政期间，重视知识分子，重视民族的和睦团结，尤其是能保持天真的本性，这样与民众的距离就缩小了。他游惠山寺，除了看山看水，接近自然外，与他爱茶爱泉的情趣显然有关联。传说名茶"碧螺春"就是他取名的，它不但清雅，而且形象鲜明，这个名号本身就有吸引力。他似乎没有一般万岁爷的架子，游惠山期间竟然与"群工"在一个池子里沐浴，这是他"天真"本性的发挥，因而化作"浩然"之气，使之与天、地、人融合在一起，形成广大无边的谐和氛围。

烹　茶 　张英

泉自花阴汲，铛①随树影移。
松声才歇处，蟹眼渐生时。
绿雪②从斟浅，香云③欲啜迟。
只须分茗荈④，不在试枪旗。

（见《文端集》卷二十二）

【注】

①铛（chēng）：温器。 ②绿雪：茶名，如宣州产的敬亭绿雪。或指茶汤。 ③香云：茶名。亦指茶烟，茶煮熟后散发出的带有茶香的水蒸气。 ④茗：茶的别名。亦指细嫩的茶芽。荈（chuǎn）：茶的别称。亦指晚采的老叶。

【评】

诗人是位随和的长者，他爱饮茶，更喜亲手烹茶，既不奢求，也不马马虎虎，敷衍了事。泉水是从"花阴"处汲的，隐隐地带有花香，烹茶的温器则随着树影的移动而移动，防止上下两头加热，导致茶香的减弱、消散。"松声"和"蟹眼"二句，通过声和形标示茶汤烧熟的过程。"绿雪"和"香云"是两种不同的茶，前者细嫩须要快饮，后者苍老，须耐心等待茶香充分挥发时，才去饮它。末两句表示自己不苟求，同时对和平生活的爱惜之情。

小 廊　郑板桥

小廊茶熟已无烟，折取寒花瘦可怜。
寂寂柴门秋水阔，乱鸦揉碎夕阳天。

【评】

这首小诗写得清新自然。季节是深秋，寒花寂历，乱鸦争巢，显现出一片萧疏淡远。茶已熟而未饮，花已折而未供。四围景色把诗人吸引住了，使他不免顾此失彼。"寂寂柴门秋水阔，乱鸦揉碎夕阳天。"动与静，大与小，整齐与零乱，互相穿插、映现，构成一幅富有茶情茶趣的江南水乡的风景画和风情画。

咏惠泉　爱新觉罗·弘历

石瓷淙云乳，何从问来脉。

摩挲①几千载，涤荡含光泽。

澄澈不受尘，岂杂溪毛碧。

鸿渐真识味，高风缅②畴昔。

（见《御制诗二集》卷二十六）

【注】

①摩挲：抚弄、搓揉。　②缅（miǎn）：缅怀、遥想。

【评】

乾隆帝是一位喜欢游山逛水的君主，而且喜欢到处题诗。这首写得不俗，就因为他有个性，也有吐露衷情的自由。诗的开头就不同一般："石瓷淙云乳，何从问来脉。"这是实话，接下去写的也是实情。结尾对茶圣陆羽大加赞许，不把《茶经》的著作当成雕虫小技，委实难得。

江南杂诗之一　　纳兰性德

九龙一带晚连霞，十里湖堤①半酒家。

何处清凉堪沁骨，惠山泉试虎丘茶。

（见《通志堂集》）

【注】

①湖堤：指太湖的堤岸。

【评】

这首小诗是写惠山的，笔墨简淡，却显得清丽动人。诗人是个多情种子，描山绘水，也情意缠绵。还有一点很可贵，即短短的四句诗，能把景物的特点，也就是特定时空交叉点的状态标举出来。例如首句写山用"九龙"而不用"惠山"，因为"九龙"显示了山的脉络绵延状态，这样"晚连霞"，就自自然然把惠山、太湖和晚霞揉合在一起，特觉美丽动人，富有生气。有这样的环境背景，饮茶产生的快感就不言而喻了。

月夜汲中泠泉　沈德潜

浮玉山①头月光起，金波鳞鳞漾千里。

微风不动水无声，短棹直入空明里。

江心有泉名中泠，寻源何处穷冥冥②。

珠沫难逢窟穴秘，铜瓶③深坠蛟龙惊。

千层浊浪名泉出，一勺清寒彻肌骨。

归拾松枝活火煎，地炉已热江中月。

（见民国十六年（1927）《瓜洲续志》）

【注】

①浮玉山：天目山的别称，在今浙江杭州临安市。　②冥冥（míng）：幽深阔远。　③铜瓶：古时汲水器具。

【评】

中泠泉在江心石穴中，显得神秘莫测。从有关文字看，尽管绘声绘色，有的还包涵深长的情意，给读者留下的印象不过是子虚乌有而已。"千层浊浪名泉出，一勺清寒彻肌骨。"恐怕只是梦想而非事实。这时可能的也是最好的选择就是"归拾松枝活火煎，地炉已热江中月。"中泠泉水取自江心，与江水混合在一起，两者并无明显差异，只要烹煮得法，也不致损害名茶的清甘柔美的韵味。

第四章　科学泡茶用水

生活用水，尤其是饮用水的质量对保障现代人的生活质量，具有十分重要的意义。至于泡茶用水，除了要求符合饮用水标准外，还要求与茶性协调。"清茗蕴香，借水而发。"古人对水质及其鉴评、水质与茶香味之关联，多有论述（详见本书第一章），其中有许多精辟之哲理，直到当今，仍为诸多茶人认同。但是，由于科学技术水平的限制，对水之物理，还处于粗浅的认识阶段。

第一节　泉水科学知识

一、泉

地下水是地球表面各种水体之一。地下水一方面在不断地接受补给，另一方面又在不停地被消耗——排泄。其排泄方式主要有向地表泄流、蒸发和人工排泄。

蒸发是在地下水埋藏较浅的地区，当毛细管带的顶部达到地面时，通过地面蒸发和植物的蒸腾消耗大量毛细管带水，不断地向大气中排泄地下水。人工排泄是指人类开发利用地下水。古代凿井汲水，就是地下水的人工排泄。

地下水向地表排泄的主要形式是泉。泉是地下水的天然露头，埋藏于地下的不同类型的水都可能以泉的形式排出地表。一般见到的泉水，多来自泉水含水层，人们称这种泉为下降泉；通常还见到一种泉水，在泉口出露时呈喷涌状或缓缓的涌流状，它们一般来自承压含水层，这种泉称为上升泉。

地下水能流出地表而形成泉，这主要与一定的地形、地质与水文地质条件有关。泉可以分为侵蚀泉、接触泉、溢流泉和断层泉。

侵蚀泉 是由于河流和沟谷的下切，揭露了潜水含水层而形成的泉。这种泉常见于河流两岸或沟谷坡脚。而当下切揭露承压含水层时，便会有承压水涌出。凡是因河流下切而出露的泉都称为侵蚀泉。我国山西省平定县的娘子关泉，就是典型的侵蚀泉。

接触泉 是潜水沿含水层与隔水层接触面涌出的泉。这类泉形成的过程与侵蚀泉相似，只是沟谷下切的不是潜水面，而是含水层与隔水层的接触面，只有当沟谷下切到这个面时，向下流动的泉水才会从这里流出而形成泉。

溢流泉 是潜水在前进方向上，由于含水层中岩性变化以及不透水岩层的阻挡，使潜水水位慢慢壅高溢出地表而形成的。我国天山、祁连山等山前的冲积扇下部就有大量的溢出泉。泉水给戈壁带来了绿洲。

断层泉 是承压水层被断层所切，地下水沿断层破碎带上升涌出地面而形成的泉。北京西郊的玉泉、河北邢台的百泉和山西太原的晋祠三泉，都是知名的断层泉。

根据含水层的空隙性质，又可将泉分为孔隙性的、裂隙性的和岩溶性的。一般地说，岩溶泉的流量比孔隙泉、裂隙泉大。广西武鸣县的灵源泉，是我国一处典型的岩溶泉群。

根据泉的涌出状态，可分为长流泉和间歇泉。典型的间歇泉称潮泉，它分布于石灰岩岩溶地区。形成潮泉的地质条件是

107

有储水溶洞和连接溶洞，有泉水露水口的虹吸水道。当连接溶洞水通过虹吸水道流出时，潮涨；连接溶洞水流失到一定水位，虹吸断流，潮落。

根据泉水的温度将其分为冷泉、微温泉、温泉、热泉、沸泉。冷泉水温一般在当地年平均温度之下；微温泉水温一般在当地年平均温度以上到 30～35℃；温泉水温一般在35～40℃以上；热泉水温超过 70～80℃；沸泉即处于沸腾状态。

二、水污染和水体自净

水污染问题，大概从人们大规模定居于水源地附近的时候开始，就已经出现了。在农耕社会，只有农业和手工业，水污染的主要原因有病原体污染、需氧物质污染、植物营养物质污染。但是，在自然因素的作用下，受污染的水体可以逐渐净化，通常称为水体自净。也就是说，水体污染和水体自净处于不断进行的动态平衡之中，人们生活的水环境质量，始终保持着优良或良好的状态。

在大自然环境中，水体自净的重要净化因素，有稀释作用、沉淀作用、曝气（使水充分接触空气）作用和生物作用，其中生物作用尤其重要。在微生物作用下有机污物分解氧化为无机物。分解氧化过程中，水中溶解的氧气不断消耗，并不断从水面空气中获得补充。

当水体中有机物过多时，氧化消耗量大于补充量，水中溶解氧不断减少，终于因缺氧而出现腐化现象（水色变黑，散发臭气，高级水生生物绝迹）。所以容许泄入水体的污物总量取决于水体的自净能力，若水体为河流，则称"河流自净"。"流水不腐"的科学原理，就是稀释作用等净化的结果。但是，排污量超过了水体自净能力，流水也可能腐化。目前，许多大江、大河，由于沿江河城市工业污水和生活污水排放量剧增，江河不堪重负，发生水体污染，水质下降。陆羽《茶经》："其江水，取去人远者。"人们的生活、生产活动，是江水的污染源，距离人群较远的地方，由于水体有自净能力，水质当然比较优良。取之瀹茶，当然比较理想。

随着工业化、城市化的发展，病原体污染、需氧物质污染、植物营养物质污染，全面加剧。如食品工业和造纸工业的废水中，含有大量的碳水化合物、蛋白质、油脂和木质素等，这些物质本身无毒，但在微生物的作用下，产生分解过程，消耗大量氧气，可能导致水体缺氧腐化。生活污水、含洗涤剂的污水和食品、化肥工业废水中，均含有磷、氮等植物营养物质。农田施用的氮、磷肥料和牲畜粪便，随地表径流进入水体，都使水体增加了植物营养物质。水中的磷、氮含量高时，浮游生物和水生植物大量繁殖，夏天水藻大量出现，水面形成藻花，带有腥臭，水体出现富营养化，水生植物死亡后，分解耗氧。同时，植物腐烂产生硫化氢等气体，气味难闻，水质恶化。更严重的石油污染、热污染、有毒化学物质污染、酸碱等无机物污染，随着工业化进程，也先后发生，为害水生生物和人体健康。

中国的水污染，在 20 世纪 50 年代、60 年代就已陆续出现。改革开放以来，中国的现代化建设突飞猛进，但由于各种原因，水体污染也在逐年加重，以城市为中心的水污染，正在向乡村蔓延，水体自净能力，已无能力净化自己了。现代化的污水处理工程，已为当务之急。

第二节　水质标准

水化学是研究天然水（河水、湖水、海水和地下水等）的

化学成分及其在时间上空间上的变化的科学。它的基本任务是：①研究和改进水质分析方法；②研究水的化学成分的形成过程以及与自然环境的关系；③水化学分类和水质评价；④研究水质预测等。

根据水化学及其他有关科学研究成果，考虑到本国社会经济现状，各不同地区水资源条件，世界各国都先后规定各种用水在物理性质、化学性质和生物性质方面的要求，编制水质标准，作为水质评价和水质监督管理的依据。这些就是现代鉴水（检验检测）科学的基本内容。

中国水质标准包括地面水环境质量标准和各专业用水水质标准（生活饮用水卫生标准、工业企业设计卫生标准、饮用矿泉水和纯净水标准、农田灌溉水质标准等）。

下面简要介绍地面水环境质量标准、生活饮用水卫生标准、饮用矿泉水标准、瓶装饮用纯净水标准。

一、地面水环境质量标准（GB 3838－1988）

本标准的制订，是为了贯彻执行《环境保护法》和《水污染防治法》，控制水污染，保护水资源。

本标准适用于中华人民共和国领域内江、河、湖泊、水库等具有使用功能的地面水水域。

依据地面水水域使用目的和保护目标，将水域功能划分为五类。并对地表水环境质量的基本要求和 30 个参数的标准值作了规定。

Ⅰ类水域　主要适用于源头水、国家自然保护区。

Ⅱ类水域　主要适用于集中式生活饮用水水源地、一级保护区、珍贵鱼类保护区、鱼虾下卵场等。

Ⅲ类水域　主要适用于集中式生活饮用水水源地、二级保

护区、一般鱼类保护区及游泳区。

Ⅳ类水域　主要适用于一般工业用水区及人体非直接接触的娱乐用水区。

Ⅴ类水域　主要适用于农业用水区及一般景观要求水域。

同一水域兼有多种功能的依最高功能划分类别。有季节性功能的，可分季划分类别。

地表水环境质量的基本要求：

所有水体不应有非自然原因导致的下述物质：

a. 凡能沉淀而形成令人厌恶的沉积物；

b. 漂浮物，诸如碎片、浮渣、油类或其他的一些引起感官不快的物质；

c. 产生令人厌恶的色、臭、味或浑浊度的；

d. 对人类、动物或植物有损害、毒性或不良生理反应的；

e. 易滋生令人厌恶的水生生物的。

此外，各类水域地表水环境的质量标准，还有 30 个参数标准值。

1. 水温（℃）　人为造成的环境水温变化应限制在：

夏季周平均最大温升≤1

冬季周平均最大温降≤2

2. pH　Ⅰ类～Ⅳ类 6.5～8.5，Ⅴ类 6～9

以下 28 个参数，各类水域标准值分别作了规定。Ⅰ类水域标准值限量最严，Ⅴ类水域相对宽松。下面以Ⅲ类水域为例，列出参数标准值。

3. 硫酸盐（以 SO_4^{-2} 计）　≤250

4. 氯化物（以 Cl^- 计）　≤250

5. 溶解性铁　≤0.3

6. 总锰　≤0.1

111

7. 总铜 ≤1.0（渔0.01）

8. 总锌 ≤1.0（渔0.1）

9. 硝酸盐（以N计） ≤20

10. 亚硝酸盐（以N计） ≤0.15

11. 非离子氨 ≤0.02

12. 凯氏氨 ≤1

13. 总磷（以P计） ≤0.1（湖、库0.05）

14. 高锰酸盐指数 ≤6

15. 溶解氧 ≥5

16. 化学需氧量（CODCr） ≤15

17. 生化需氧量（BOD_5） ≤4

18. 氟化物（以F^-计） ≤1.0

19. 硒（四价） ≤0.01

20. 总砷 ≤0.05

21. 总汞 ≤0.0001

22. 总镉 ≤0.005

23. 铬（六价） ≤0.05

24. 总铅 ≤0.05

25. 总氰化物 ≤0.2（渔0.005）

26. 挥发酚 ≤0.005

27. 石油类 ≤0.05

28. 阴离子表面活性剂 ≤0.2

29. 总大肠菌群（个/L） ≤10 000

30. 苯并（a）芘（μg/L） ≤0.002 5

二、生活饮用水卫生标准（GB 5749—1985）

生活饮用水水质，以下四类指标，不应超过规定的限量。

感官性状和一般化学指标

1. 色 色度不超过 15 度，并不得呈现其他异色。

2. 浑浊度 不超过 3 度，特殊情况不超过 5 度。

3. 臭和味 不得有异臭异味。

4. 肉眼可见物 不得含有。

5. pH 6.5～8.5

6. 总硬度（以碳酸钙计） 450mg/L

7. 铁 0.3mg/L

8. 锰 0.1mg/L

9. 铜 1.0mg/L

10. 锌 1.0mg/L

11. 挥发酚类（以苯酚计） 0.002mg/L

12. 阴离子合成洗涤剂 0.3mg/L

13. 硫酸盐 250mg/L

14. 氯化物 250mg/L

15. 溶解性总固体 1 000mg/L

毒理学指标

16. 氟化物 1.0mg/L

17. 氰化物 0.05mg/L

18. 砷 0.05mg/L

19. 硒 0.01mg/L

20. 汞 0.001mg/L

21. 镉 0.01mg/L

22. 铬（六价） 0.05mg/L

23. 铅 0.05mg/L

24. 银 0.05mg/L

25. 硝酸盐（以氮计） 20mg/L

26. 氯仿　60mg/L

27. 四氯化碳　3μg/L

28. 苯并（a）芘　0.01μg/L

29. 滴滴涕　1μg/L

30. 六六六　5μg/L

细菌学指标

31. 细菌总数　100μg/L

32. 总大肠菌群　3个/L

33. 游离余氯　在与水接触30min后应不低于0.3mg/L。集中式给水除出厂水应符合上述要求外，管网末梢水不应低于0.05mg/L。

放射性指标

34. 总α放射性　0.1Bq/L

35. 总β放射性　1Bq/L

三、饮用天然矿泉水标准（GB 8537—1995）

饮用天然矿泉水是从地下深处自然涌出的或经人工揭露的、未受污染的地下矿水；含有一定量的矿物盐、微量元素或二氧化碳气体；在通常情况下，其化学成分、流量、水温等动态在天然波动范围内相对稳定。

矿泉水水质感官要求

1. 色度　≤15度，并不得呈现其他异色。

2. 浑浊度，NTV　≤5

3. 臭和味　具有本矿泉水的特征口味，不得有异臭异味。

4. 肉眼可见物　允许有极少量的天然矿物盐沉淀，但不得含有其他异物。

矿泉水水质理化要求

（一）**界限指标** 必须有一项（或一项以上）指标符合以下规定。

5. 锂 mg/L≥0.20

6. 锶 mg/L≥0.20（含量在 0.20～0.40 范围时，水温必须在 25℃以上。）

7. 锌 mg/L≥0.20

8. 溴化物 mg/L≥1.0

9. 碘化物 mg/L≥0.20

10. 偏硅酸 mg/L≥25.0（含量在 25.0～30.0 范围时，水温必须在 25℃以上。）

11. 硒 mg/L≥0.010

12. 游离二氧化碳 mg/L≥250

13. 溶解性总固体 mg/L≥1 000

（二）**限量指标** 各项指标的限量不得超出。

14. 锂 mg/L＜5.0

15. 锶 mg/L＜5.0

16. 碘化物 mg/L＜0.50

17. 锌 mg/L＜5.0

18. 铜 mg/L＜1.0

19. 钡 mg/L＜0.70

20. 镉 mg/L＜0.010

21. 铬（Cr^{6+}） mg/L＜0.050

22. 铅 mg/L＜0.010

23. 汞 mg/L＜0.001 0

24. 银 mg/L＜0.050

25. 硼（以 H_3BO_3 计），mg/L ＜30.0

26. 硒 mg/L＜0.050

115

27. 砷　mg/L＜0.050

28. 氟化物（以 F⁻计）　mg/L＜2.00

29. 耗氧量（以 O_2 计）　mg/L＜3.0

30. 硝酸盐（以 NO_3^- 计）　mg/L＜45.0

31. 226/镭放射性　Bq/L＜1.10

（三）污染物指标　各项指标的限量不得超出。

32. 挥发性酚（以苯酚计）　mg/L＜0.002

33. 氰化物（以 CN⁻计）　mg/L＜0.010

34. 亚硝酸盐（以 NO_2^- 计）　mg/L＜0.005 0

35. 总 β 放射性　Bq/L＜1.50

（四）微生物指标

36. 菌落总数　cfu/ml　水源地＜5，灌装产品＜50

37. 大肠菌群　个/100ml　0

四、瓶装饮用纯净水标准（GB 17323－1998）（GB 17324－1998）

1998)

116

瓶装饮用纯净水是符合生活饮用水卫生标准的水为水源，采用蒸馏法、去离子法或离子交换法、反渗透法及其他适当的加工方法制得的，密封于容器中，不含任何添加物，可直接饮用的水。

纯净水感官要求

1. 色度　≤5 度，不得呈现其他异色。

2. 浊度　≤1 度。

3. 臭和味　无异味、异臭。

4. 肉眼可见物　不得检出。

纯净水理化指标

（一）质量理化指标

5. pH 5～7

6. 导电率［（25±1）℃］ μs/cm≤10

7. 高锰酸钾消耗量（以 O_2 计） mg/L≤1.0

8. 氯化物（以 Cl^- 计） mg/L≤6.0

（二）污染理化指标

9. 铅（以 Pb 计） mg/L≤0.01

10. 砷（以 As 计） mg/L≤0.01

11. 铜（以 Cu 计） mg/L≤1

12. 氰化物（以 CN^- 计） mg/L≤0.002

13. 挥发酚（以苯酚计） mg/L≤0.002

14. 游离氯 mg/L≤0.005

15. 三氯甲烷 mg/L≤0.02

16. 四氯化碳 mg/L≤0.001

17. 亚硝酸盐（以 NO_2^- 计） ≤0.002

纯净水微生物指标

18. 菌落总数 cfu/mL≤20

19. 大肠菌群 MPN/100mL≤3

20. 致病菌（系指肠道致病菌和致病性球菌） 不得检出。

21. 霉菌、酵母菌 cfu/mL 不得检出。

第三节 择水而饮

了解了泉水科学知识和水质标准，人们就可以按照自己生活地域的水环境质量，择水而饮。

根据中国预防医学科学院的调查，中国约有 79％的人饮用受污染的水，上亿人喝的水细菌超标，1.7 亿人经常饮用受有机物污染的水。饮用清洁又有益于健康的水，成了人们孜孜

以求的目标。

中国城乡饮用水卫生问题主要有以下几个方面。

（1）细菌超标。经水传播的传染病主要有腹泻、伤寒、痢疾、病毒性肝炎等。在环境污染引起危害健康的事故中，饮水引起的传染病暴发占总事故案例的 80％左右，因而微生物污染是中国饮水卫生中的首要问题。

（2）有机物污染。主要来自生活废弃物和工业污染。当污染物浓度较高时，可使饮用水产生异常的颜色和臭味。有机物污染还导致微生物生长繁殖加快，使水恶臭并含有微生物分泌的毒素。根据调查资料统计分析，有机污染物浓度与肝癌死亡率具有极显著的正相关关系。

（3）氟化物超标。按饮用水水质标准，氟化物限量为 1 毫克/升的要求，中国约有 7 700 万人口的饮用水氟含量超标，氟超标的地域主要是东北、西北、华北的某些农村。长期饮用高氟水，引起氟斑牙和氟骨症。

（4）含盐过高。饮用水中的钙、镁、硫酸盐、氯化物含量过高，水味苦涩、咸。盐类浓度高可能引发腹泻。含盐过高的饮用水，主要分布在西北、华北。

（5）感官性状不良。如水体浑浊、有色、有异臭味等。

水环境质量的恶化，饮用水污染事故逐年增多，人们环境保护和卫生防护的意识也开始加强，过去长期饮用自来水的居民，也开始担忧自来水污染。十多年前开始出现了矿泉水，饮用纯净水的人群，在最近几年迅速扩大，"花钱买好水"，"花钱买健康"。纯净水饮水机从涉外宾馆、商用写字楼，快速地推广到许多城市百姓家，优质的生活饮用水成了一种稀缺资源，成为一种快速普及的生活消费商品。

随着人民生活水平的提高，对净水需求增长，净水产业发韧。1994 年中国着手引进低压反渗透复合膜制造技术，选择水源污染严重，水质下降甚至恶化的地区，以及经济比较发达、居民购买力水平较高的大中城市的住宅小区，设立"净水屋"，以散装水为主，同时提供桶装送水上门服务等形式，使居民能够直接就近取得新鲜高品质饮用水。由于"净水屋"减少了运输、包装、仓储、营销等费用，使净水价格大幅度下降。每个"净水屋"可供应 2 000 户居民饮用。

20 世纪 90 年代在中国不少城市都相继发生了"水战"，多次蒸馏制成的蒸馏水，其光辉业绩更多地表现在医学上和实验室里；太空水、超纯水等"纯"得有点过度，不仅除去了有害物质，也失去了对人体有用的微量元素。后起之秀的纯净水，看来是最好的选择。

纯净水按供水方式，分桶装纯净水和管道纯净水。1997 年第一批实施居民楼饮水改造工程的上海宝山路居民，每户有两条水管，分别供应纯净水和生活用水。每千克纯净水价只有桶装纯净水价的 1/4。

将高质量的饮用水和一般生活用水、工业用水，通过不同的管道输送到千家万户的"分质供水工程"，是当今世界饮水史上的一场革命，最早开始于美国。北欧的丹麦、荷兰等发达国家，管道输送纯净水已相当普遍。中国的分质供水工程，从净水工厂，到"净水屋"，并已开始向管道分质供水的高级阶段发展。

矿泉水一般来自地下数百米以至数千米，是在极特殊的地质条件下，极为复杂的地球化学环境中，经过漫长岁月的一系列物理化学变化而逐渐形成的，所以它的水化学性质也是千差万别，因而在应用上会产生不同的效果。根据水化学成分及矿泉水的效用，可分为医疗矿泉水和饮用矿泉水。

人类利用矿泉水的历史久远，早在公元前人们就知道了某

119

些矿泉水具有保健和疗疾的功效。相传秦始皇就利用西安骊山汤泉（华清池）沐浴治疥。本书附录中记述的北京延庆佛峪口温泉、内蒙古阿尔山温泉、吉林长白山安图药水泉、广东从化温泉、云南安宁碧玉泉等都是可饮可浴的温矿泉水。从 1868年法国佩里埃公司生产的第一瓶矿泉水开始，至今已有 130 多年了。20 世纪 30 年代、40 年代矿泉水的产销普及到了欧洲各国，70 年代以后又普及到美洲和亚洲，矿泉水饮料年均增长速度达到 10％以上。

中国青岛 1931 年开始生产崂山牌饮用矿泉水。自改革开放以来，中国矿泉水的开发利用有了新的发展，全国已查明矿泉水水源地 2 000 多处，饮用矿泉水的生产量，据有关资料，生产能力已达到 170 万吨。但从目前市场状况来看，还是纯净水的天下。原因是矿泉水的开发利用和商品生产成本较高，市场价格竞争中，暂时处于不利的情况，随着居民购买力水平的提高，矿泉水饮料将具有良好的市场前景。

现代水化学和医学研究表明，由于矿泉水中含有较丰富的人体必需的常量元素和微量元素，经常饮用矿泉水具有良好的保健功效。古人的生活实践和现代临床医学的研究成果，都证明了这一药理。矿泉水中的钾、钠、钙、镁是维持人体正常功能所必需的。重碳酸盐对促进胃肠道疾病的康复有良好的效果，硫酸盐和氯化物能促进肠胃蠕动，缓解便秘。偏硅酸有助于骨质钙化，促进生长发育，硅还能保护动脉结构的稳定性，降低冠心病和克山病的发病率。中国医学科学院环境卫生研究所对中国有代表性的十几种矿泉水进行的动物试验结果发现，这些矿泉水有程度不同的抑瘤效果。一些流行病学的调查研究资料也说明矿泉水对促进肌体健康，延年益寿确有很好的作用。

21 世纪，我们用什么水泡茶？远离城市和工矿区的山泉，当然仍是最优的选择。但是，绝大多数居民的饮用水，目前还只能就近取得。某些水质较差的北方乡村和城市，泡茶之水已无能"尤发茶香"，而是引茶入水缓解水之异味，茶已成为饮用水的"解味品"。水质尚好的自来水泡茶，已感受不到山泉泡茶的芳香韵味。矿泉水的化学成分复杂，饮用矿泉水是优质的保健型饮用水，但许多矿泉水不能引发茶香，甚至有损茶汤的色香味。纯净水泡茶是目前饮用纯净水人群的普遍选择。

"农夫山泉，有点甜"。引发出人们回归自然的思绪，但人类社会发展到今天，已走上了一条不归之路。我们寄希望于现代环境科学和技术，还城乡居民一个优良的水环境。愿人们在休闲时光还能品尝到"茶香泉味"的雅趣。

第五章　名泉名水
泡名茶

　　泡茶，即茶汤制备。就是用一定温度的水把干茶中的可以溶于水的物质浸提出来，制成以水为主的，含有茶的水浸出物的茶汤。本章阐述泡茶，主要从科普角度，介绍日常生活中的泡茶方法和饮茶习俗。

　　现时市面上热销的各种茶水，也可以叫茶汤，它是在工厂里制备的，适合于生活节奏快的人群和缺乏泡茶条件时的消费。目前饮用各种品牌的茶水商品，已经成为一种时尚。但是，检测结果表明，这些茶水中"茶"的水浸出物含量甚少。品饮时的口感、风味，与纯天然的茶汤，大相径庭。近年来，茶饮料市场的速猛扩展，对传统的茶叶市场形成了不小的冲击，但是笔者断言，历数千年未衰的传统茶商品，不可能被茶水全部取代，其最终结果，只能是各占一定份额的多元化格局。

　　说到多元化，还要提一下把茶作为食物的"吃茶"。作为一种习俗，湖南、江西等地的一些人群，喝完茶汤之后，连茶叶一起咀嚼吞下。还有将茶叶研磨成茶浆、超微茶粉，作为制造食品原料的。

第一节　泡茶方法的历史演变

　　《茶经·五之煮》："初沸，则水合量，调之以盐味，谓弃其啜余，无乃餔餬而钟其一味乎？二沸出水一瓢，以竹夹环激汤心，则量末当中心而下。有顷，势若奔涛溅沫，以所出水止之，而育其华也。"

这里阐述的是末茶的煮法。先将茶叶炙焙提香，碾、罗成末待煮。水煮到初沸（即一沸，如鱼目，微有声。）加入适量的盐做调味品；二沸（边缘如涌泉连珠）出水一瓢，备用，用竹夹搅水以形成旋涡，用茶则量取茶末，从旋涡中心投下，使末与水迅速均匀混合，为了防止茶水过热翻腾，可将瓢中的二沸水加入茶汤。这样就可以制备出香味尚好的茶饮了。这里的煮茶程序和操作方法，要求甚严，煮茶的时间和温度要加以控制，时间不可太久，水温也不可太高，否则影响茶汤的色、香、味。把操作程序作适当调整，就演变为宋代的点茶方法了。

煮茶，作为简单原始的茶汤制备方法，就是把茶叶放在锅里煮出茶汁（水浸出物），最早是将茶鲜叶直接煮，其后将晒干收藏的干叶直接煮。唐代制茶技术进步，有粗茶、散茶、末茶、饼茶之分，煮茶的方法也各不相同。粗茶要打碎，散茶需干煎，饼茶要捣碎。西晋·郭义恭《广志》："茶丛生，真煮饮为茗茶。"东晋·郭璞注《尔雅》："槚，苦荼，……可煮作羹饮。"南北朝后魏·元欣所撰《魏王花木志》："茶，叶似栀子，可煮为饮。"唐·杨华《膳夫经手录》："茶，古不闻食之。近晋宋以降，吴人采其叶煮，是为茗粥。"茗粥，煮制的浓茶，因其表面凝结一层似粥膜状的薄膜而得名。中唐以后，还保留"煎茗粥"的饮茶习俗。

煮茶，作为唐代以前的一种习俗，其茶汤色、香、味欠佳，陆羽称它为"斯沟渠间弃水耳"。今留传于民间的"打油茶"、"擂茶"、"奶茶"等，则为原始简单的"煮茶"遗风。

123

唐·皮日休《茶中杂咏·煮茶》："香泉一合乳，煎作连珠沸。时看蟹目溅，乍见鱼鳞起。声疑松带雨，饽恐生烟翠。尚把沥中山，必无千日醉。"煎作连珠沸，即煮茶。

随着制茶技术进步，制功精细，茶汤制备也更为讲究。"唐煮宋点"就是从唐代的煮茶逐渐演变为宋代的点茶。大势所趋也。

点茶是将茶置于杯中，用沸水冲泡。宋代苏轼《送南屏禅师》："道人晓出南屏山，来试点茶三昧手。"点茶三昧，指其精要，诸如"煎水不煎茶"、"活火发新泉"等。

宋·赵佶《大观茶论》："点　点茶不一，而调膏继刻。以汤注之，手重筅轻，无粟文蟹眼者，谓之静面点。盖击拂无力，茶不发立，水乳未浃，又复增汤，色泽不尽，英华沦散，茶无立作矣。有随汤击拂，手筅均重，立文泛泛，谓之一发点。……"

宋·蔡襄《茶录》：论茶篇分：色、香、味、藏茶、炙茶、碾茶、罗茶、候汤、熁盏、点茶，计十节。论及点茶："凡欲点茶，先须熁盏令热，冷则茶不浮。""点茶　茶少汤多，则云脚散；汤少茶多，则粥面聚。（建人谓之云脚粥面。）钞茶一钱七。先注汤，调令极匀；又添注入，环回击拂，汤上盏可七分则止，着盏无水痕为绝佳。"

宋·胡仔《苕溪渔隐丛话》前集卷四十六引《学林新编》："茶之佳品，皆点啜之，其煎啜之者，皆常品也。"

点茶用饼茶，茶器有：茶焙、茶笼、砧椎、茶钤、茶碾、茶罗、茶盏、茶匙、汤瓶等。点茶技艺包括：炙茶（烘焙失水，炭火提香）、碾茶（先将饼茶碎成小块，再碾成粉末）、罗茶（反复筛碾，茶末细匀）、候汤（活火煮水，沸熟适度，汤未熟则末浮、过熟则茶沉）、熁盏（用沸水熁热茶盏）、点茶（茶置盏中，沸水冲泡，环回击拂）等基本过程。其中，"候汤最难"①，"汤要嫩，而不要老"，"盖汤嫩则茶味甘，老则过苦矣"②。点茶则最为关键，其要点为"量茶受汤，调如融胶"③；点茶之色，以纯白为上；追求茶的真香、真味，不掺任何杂质。

唐代以煮茶为主，茶入沸水；宋代以点茶为主，沸水泡茶。这就是"唐煮宋点"的演变。这种演变与制茶技术改进有关，是人们追求"茶叶质量，香味为本"的结果。

我国几千年的饮茶习俗，发展到明代，已进入一个新的历史时期。即从唐宋时期的饼茶煮饮法，发展到明代的炒青绿茶的冲泡法。

由蒸青饼茶演变到炒青散茶，使茶叶香气有了显著提高，尤其是锅炒干燥的松萝茶香气更高长，滋味更醇厚，在皖、浙、赣、闽、鄂等产区，竞相仿制，也促进了冲泡制备茶汤方法的进一步普及。不用炙焙、不用碾罗、不用击拂，成茶直接用沸水冲泡成汤，即冲即饮，大大简化了操作程序，且高香浓味不减。

茶叶质量，香味为本。好茶、好的茶汤，都具有优良的香气、滋味。优质的山泉水，能促进茶叶香味的发挥；优良的茶具，是保证茶汤香味的重要条件；茶汤制备方法的优劣，也要以发展茶叶香味之效果来衡量。在人们的日常生活中怎样泡茶？说来也很简单，即怎样泡自己感觉到香味好就好了，不要拘于一格，模仿他人，把简单的事情弄得太复杂。

在非酒精饮料中，茶叶作为一种天然饮料，具有两个明显的特点：

125

---

① 蔡襄：《茶录》。
② 罗大经：《鹤林玉露》。
③ 赵佶：《大观茶论》。

第一，气味芳香。古时有称茶叶为"香茗"、"芳茗"、"芳草"、"香叶"。茶的天然芳香是其他许多饮料缺少或没有的。

第二，滋味微苦涩、回甘。茶汤入口苦涩是由于茶叶中含有某些具有药理作用的生化成分，但随着时间延长，苦涩味缓解产生良好的甘甜感。茶的回味是其他许多饮料没有的。

"芳香回甘"是茶的香味特点。古时斗茶又称斗香、斗味。茶的芳香是自然香，淡雅幽长，协调性好，不像人工合成香料浓烈、刺鼻，甚至有某些不愉快的感觉。茶汤回甘是先苦后甜，是自然的甘醇爽口复合感，不像食糖的单一甜味。

风味，是质量极好的茶叶给人的嗅觉和味觉综合感受的美好印象，有风味的茶叶香味奇妙独特。

明代罗廪《茶解》在论述茶品质时，说"茶须色、香、味三美具备。色以白为上，青绿次之，黄为下。香如兰为上，如蚕豆花次之。味以甘为上，苦涩斯下矣。茶色贵白，白而味觉甘鲜，香气扑鼻，乃为精品。"

色泽是茶叶内质的表征。色泽好的茶，香味不一定优；色泽不好的茶叶，肯定香味也有缺陷。干茶色、汤色、叶底色，与香味有某种关联。

目前在茶叶感官质量检验中，进行评分加权时，把香气、滋味的权数均定为0.25。台湾地区乌龙茶，香气、滋味的权数更高，均为0.3。这就是"香味为本"。也是"泡好茶"的技术关键。中国茶汤制备方法的历史演变，从"煮"到"泡"也是沿着上述规律，逐步发展到今天的。

第二节 茶汤化学成分

茶汤的香气、滋味和色泽，是茶叶冲泡时水浸出物在人们嗅觉、味觉和视觉中的综合反应。茶叶化学成分的差异，茶叶冲泡条件的差异，茶汤中各类浸出物的含量和比例也就存在差异。因此，感官品质表现各异。环境条件对嗅觉、味觉也产生影响。了解茶汤化学成分，可以帮助我们理解茶汤品质及其变化，提高泡茶的技艺。

茶汤化学成分是茶汤中所含多种有机物质和无机物质的总称。主要有：多酚类化合物、氨基酸、咖啡碱、水溶性果胶、可溶性糖、维生素和无机盐等。

氨基酸最易溶于水，浸出率最高；其次是咖啡碱；多酚类的浸出率较低，而其中的酯型儿茶素比非酯型儿茶素浸出率更低；可溶性糖浸出率也低。浸出率是指冲泡时某种物质的浸出量占该物质总量的百分率。浸出率高，说明这种物质水溶性部分占的比重大。此外，各类物质的浸出速度也各不同，有快有慢。制茶过程中，叶组织细胞破坏的程度、茶叶条索或颗粒的松紧，也影响浸出速度。叶组织细胞破坏程度大，浸出速度快；松散型、片末型的茶叶，浸出速度相对地快一些。

茶叶中化学成分的浸出量与冲泡方法密切相关。泡茶的技艺作为一种生活艺术，内容十分丰富，对茶叶色、香、味的影响非常显著，将在第四节展开讨论。

制备好的茶汤，在放置过程中它的理化性质，将发生一系列的变化。人们的感官可以十分清晰地感觉到这种变化的进程和状况。至于随着时间推移，茶具和茶叶、茶汤温度的下降，其色、香、味（尤其是香气、滋味）给予人们感官的刺激，有些很显著，有些很微妙，有些很持久，有些很短暂，各不相同。

伟大的文学家思想家鲁迅，生长在茶乡绍兴，终生爱茶。在静坐无为之时，用盖碗喝好茶，以细腻锐敏的感觉，品尝茶叶"色清而味甘，微香而小苦"的风味。认为"有好茶喝，会

127

喝好茶是一种'清福'。不过要享这'清福',首先必须有工夫,其次是练出来的特别的感觉。"有工夫、特别的感觉,确实是品茶必须有的条件。

茶汤放置几小时后,绿茶汤色变黄变深,红茶汤色变深暗浑浊,其中多酚类自动氧化缩聚,维生素 C 被氧化破坏,红茶中的茶红素、茶黄素继续氧化聚合形成茶褐素,并与氨基酸、咖啡碱络合形成"冷后浑"。

一、茶汤色泽物质

茶叶中的色素有叶绿素类、叶黄素、类胡萝卜素、花青素、儿茶素类氧化产物、黄酮素、焦糖色素、类黑色素、氧化型抗坏血酸等。按照其溶解性可分为脂溶性色素和水溶性色素两大类。脂溶性色素主要有叶绿素及其降解产物、类胡萝卜素等;水溶性色素主要有花青素、花黄素、儿茶素氧化产物(茶黄素、茶红素、茶褐素)及抗坏血酸和糖类等色素原物质。茶叶冲泡时,水溶性色素浸出,构成茶汤色泽,脂溶性色素残留于叶组织,构成叶底颜色。

二、茶的芳香物质

唐·陆士修:"芳气满闲轩",清·金田:"一种馨香满面熏",说的都是散发在空气中的茶香满屋、茶香扑鼻。在茶叶冲泡时,芳香物质挥发于空气中,附着在茶杯上,溶解于茶汤中,残留于叶组织里。空气清香,味中有香,叶底芳香,空杯留香。茶叶中人们嗅觉感知到的香味物质,具有挥发性。已发现的有 600 种之多,按化学性质分有碳氢化合物、醇、醛、酮、酯、内酯、酸、酚、含氧化合物、含氮化合物、含硫化合物等。依香气类型分有:嫩叶清爽清香型的顺-3-己烯-1-醇及其酯类；铃兰系清淡花香型的芳樟醇及其氧化物；玫瑰蔷薇系温和花香型的香叶醇，2-苯乙醇；茉莉栀子花系甜而浓厚花香型的β-紫罗酮及其他紫罗酮系化合物，顺茉莉酮，茉莉酮酸甲脂；果实干果类香型的茉莉内酯及其他内脂类，茶螺酮；木香型的雪松醇、4-乙烯基苯酚，愈创木酚系化合物；倍半萜烯类；加热香型的吡嗪类，吡咯类，呋喃类等。

三、茶汤滋味物质

茶汤滋味是涩、苦、甜、酸等味素的综合效应。茶叶涩味物质主要有儿茶酚类、醛、铁等，其中儿茶素类尤为重要。酯型儿茶素苦涩味较强，非酯型儿茶素爽口、涩味弱。酯型儿茶素含量较高，是影响茶叶滋味浓淡、品质优次的主要成分。

茶叶苦味物质主要有咖啡碱、可可碱、茶叶碱、花青素类、茶皂苷、苦味氨基酸及部分黄烷醇类。茶汤苦味与涩味相伴而生，是茶汤滋味中起主导作用的两类物质。

茶叶甜味物质主要有游离态的单糖和低聚糖、带甜味的游离的氨基酸、某些儿茶素生物合成的中间产物。甜味物质对苦涩味有调和效果，有掩盖苦涩味的作用，可以促进茶叶滋味甘醇。

茶叶酸味物质主要有各种有机酸类（柠檬酸、苹果酸、琥珀酸、抗坏血酸、没食子酸等）、游离的酸性氨基酸、微酸性的茶多酚类化合物。酸味物质可调和苦涩味，有改善茶叶滋味的功效。在品尝中人们并不能感觉到它的存在。茶汤如果酸性显露，即是品质缺陷已相当严重了。

第三节 影响茶汤品质的因素

本节从水、泡茶方法对茶汤品质的影响，作简要叙述。

一、水中矿物质对茶汤品质的影响

现代科学试验表明，各种水因所含矿物质不同，对泡出茶汤品质的影响也不同。

（1）氧化铁。新鲜水中含有低价铁 0.1mg/L 时，造成茶汤色发暗，滋味变淡。高价氧化铁对茶汤的影响比低价氧化铁更大，0.1mg/L 的含量，将导致茶汤品质明显下降。水中铁离子含量过高，泡茶茶汤黑褐。

（2）铝。茶汤中含量 0.1mg/L 时，无明显影响；当增高到 0.2mg/L 时，茶汤苦味显露。

（3）钙。茶汤中含量达 2mg/L 时，涩味明显，当增高到 4mg/L 时，滋味发苦。

（4）镁。茶汤中含量达 2mg/L 时，滋味变淡。

（5）铅。茶汤中含量少于 0.4mg/L 时，滋味淡薄并稍带酸味。达到 1mg/L 时，味涩且有毒。

（6）锰。茶汤中含有 0.1～0.2mg/L，会有轻微苦味，达到0.3～0.4mg/L，滋味更苦。

（7）铬。茶汤中含量 0.1～0.2mg/L，滋味稍有苦涩，超过 0.3mg/L，对品质影响很大。但铬在天然水中很少发现。

（8）镍。茶汤中含有 0.1mg/L，即有酸的金属味，水中不会含有镍，可能来源于茶具。

（9）银。茶汤中含 0.3mg/L 即产生金属味，但水中不会含有银。

（10）锌。茶汤中含 0.2mg/L，会产生难受的苦味。茶汤中锌的来源可能是自来水管道。

（11）盐类化合物。茶汤中加入 1～4mg/L 硫酸盐时，茶味有些淡薄，但影响不大，增至 6mg/L 时，产生一些涩味，

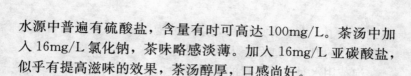

水源中普遍有硫酸盐，含量有时可高达 100mg/L。茶汤中加入 16mg/L 氯化钠，茶味略感淡薄。加入 16mg/L 亚碳酸盐，似乎有提高滋味的效果，茶汤醇厚，口感尚好。

二、泡茶方法对茶汤质量的影响

茶水比例、泡茶用水、冲泡时间，通常称为泡茶方法三要素。

茶水比例直接影响茶汤浓度，茶汤浓淡对口感影响很大。在茶叶感官质量检验中，标准的茶水比例为 1:50，因为一般茶叶按照这样的投叶量，口感较好，且有利于判定香气和滋味的优次，检验出质量的某些缺陷。同时，由于茶水比例标准一致，不同样品间香气、汤色、滋味的浓淡深浅具有可比性，对保证质量感官检验结果的正确性也是必要的。

日常生活中饮茶，可以参照上述茶水比例适当增减。绿茶的刺激性较强，一般宜淡化，茶水比例 1:70，甚至 1:100。但细嫩的早春芽茶，茶汤的刺激性较弱，投叶量要适当增加一些，这就叫"细茶粗喝"。初学喝茶的人，对茶叶苦涩味反应灵敏，宜淡不宜浓；"老茶客"已适应了茶的口感，偏好浓茶已成积习。所以说，茶水比例因茶而异、因人而异。

乌龙茶冲泡的投叶量特别多，可谓"半壶茶叶一壶茶，快泡热饮细品尝。"乌龙茶用现时沸水冲泡 60~100 秒左右时间，分出茶汤，乘热将一小杯香浓的茶慢慢送入口中。有人说乌龙茶耐泡，其实与投叶量多，冲泡时间短密切相关。据测定，安溪铁观音、武夷肉桂、武夷水仙的水浸出物含量分别为：40.10%、38.91%、38.62%，并不比其他茶类茶叶的水浸出物含量高（茶叶水浸出物含量 30%~47%）。所谓"耐泡"是有条件的。质量好的乌龙茶按照标准的冲泡方法，泡 3~4 次，香味基本浸出，再泡下去，除了还能浸出一些色素外，已感觉

不到香味了。至于有人说乌龙茶可冲泡 16～17 次，那可能是文学语言的浪漫，或品茶人的心灵感受。

泡茶用水对茶汤质量的影响很大。"茶者水之神，水者茶之体。非真水莫显其神，非精茶曷窥其体。"[1] 除了水质之外，煮水也很关键。一要活火（有火焰的炭火）烹活水，即供热强度大，大火快煮；二要"候汤"，掌握好沸腾程度，初沸"太嫩"，沸腾"太老"，即水要加热到接近 100℃，又要防止溶于水中的二氧化碳挥发殆尽。由于随着海拔升高，大气压下降，水达不到 100℃就沸腾了，所以沸水温度只能接近 100℃。

笔者在审评室里，按 1∶50 的茶水比例，冲泡时间 5 分钟，进行泡茶试验，结果是高档绿茶用 85℃的已沸水泡香气、滋味最好。所以说，有人提出高档绿茶用 80℃的水冲泡最好，有一定道理。但是，日常生活用茶，还是用现时沸水冲泡为好。至于高档绿茶，用杯碗冲泡，兑水后不要加盖，以防止渥闷，还可闻到散发在空气中的茶香；用茶壶冲泡应减少泡茶时间，及时将茶汤倒入杯碗品饮。沸水泡茶，香高味醇，乘热品尝，韵味无穷。尤其是松散形的茶叶，沸水冲泡，有利于茶叶快速吸水，茶汁浸出，茶沉杯底，方便饮用。存放在保温瓶中的沸水，随着时间的推移，温度下降，用来泡茶是条件限制时的无奈选择。至于"冷水泡茶慢慢浓"，可能是人生哲理的一种表述，在生活中，冷水泡茶，当属罕见。

冲泡时间也影响茶汤浓度。在茶叶审评中标准时间为 5 分钟。现时审评高档绿茶也有缩短到 3 分钟，这样汤色绿亮，香味鲜爽，与 5 分钟比较起来，色香味略胜一筹。

据测定，一般茶叶泡第一次时，其水溶性物质可浸出

---

① 明·张源：《茶录》。

50％～55％；泡第二次，可浸出 30％左右；泡第三次，可浸出 10％左右；泡第四次，即所剩无几了。所以说，茶叶一般只能冲泡 3 次。这里说的是每次泡 5 分钟，泡后将茶汤全部出尽。至于茶冲泡在杯碗中，边饮边加水，就说不清几泡了。现在常有人把"耐泡"作为某些茶叶品质的特点，大力宣扬，其实是对茶叶消费者的误导。紧条形、颗粒形的茶叶，可能比松散型、片末型的茶叶，冲泡时吸水速度慢一些、耐泡一些，其实各种茶叶的耐泡程度相差并不大。

第四节　泡茶方法

　　中国是茶的故乡，茶是中国饮食文化的特点之一，历数千年不衰的饮茶习俗，流传着多样化的泡茶方法，有的仍保留了唐宋遗风，有的却已推陈出新，成为现代生活文化的构成部分。

　　茶，在中国某些地区已经泛化为饮料的代名词。如苦丁茶、虫粪茶、寄生茶、银杏茶、灵芝茶、菊花茶等单方饮料，与茶的原料已无关系。以茶为配料之一的保健茶等，属多种原料混合的复方饮料；以茶为一味的"茶疗方"（与保健茶不同，有规定的剂量），属多味原料混合的复方中医药处方。仅《中国茶叶大辞典·利用部》以"××茶"命名的疗方，就有 148 品目。

　　作为日常生活用的茶饮料，多属六大茶类及其再加工、深加工的纯茶产品。泡茶时，除茶叶外，不添加任何食品、调味剂，可谓"原汁原味"的茶，通常也称为清饮。这是中国式茶饮的主流。

　　茶叶与食物（如：芝麻、黄豆、炒米等）、调味品（如：盐、糖、姜、蒜等）、乳品（如牛奶、羊奶等）混合（掺和）在一起，制成各种风味的茶汤，是古代饮食文明的传承，也是

积习成为礼俗之一斑，其丰富的文化内涵，源远流长。

说到泡茶，不能不说泡茶的器具，这其中最重要的有茶杯、茶碗、茶壶等饮茶器皿，还有储茶、煮水、泡茶用具等。泡茶器具的材料、造形、保温性能、质地、色泽，直接影响茶汤的色香味。不同茶类、不同档次的茶叶，不同的冲泡方法和品饮方式，对茶具的要求也不同。本丛书另有专书详细叙述。作为大众化的茶具，最简单的有储茶筒、保温瓶、茶杯（碗）就可以了。如果有一套煮水器具，当然更好一些。近些年形成的饮茶习俗——"随身饮"（也算是笔者的创造吧！），可以说是一种茶文化的新时尚，上自国家党政领导，下到工农大众，许多人出门都随身带一杯茶，在旅行、开会、办事过程中，随时可饮茶解渴，既保留了中国传统的饮茶方式，又简单、方便，卫生，还减少了主人"客来敬茶"备器的麻烦。近年来，各种质地、各种款式、各种档次的便于随身带的茶杯琳琅满目，层出不穷，就是大众饮茶需要带动厂商供给的结果。茶杯已成为家居生活器皿中的又一大宗。"随身饮"是一种雅俗共赏的行为茶文化，它一出现就得到各阶层人群的认同，相互模仿，迅速普及。中国人饮茶的风气，盛况空前。"随身饮"与饮茶风行发生了良性互动。

下面分别介绍一些泡茶的技艺与习俗。

一、清饮茶冲泡法

（一）玻璃杯泡茶

玻璃杯透明，用于泡茶能观察到冲泡后杯内茶叶的动态，茶芽的起落浮沉，汤色的绿、红及变化，适用于冲泡各类高档茶。

玻璃杯的造型大体相同。但玻璃的质量、透明的程度、耐温性能等差别很大。最好选用档次较高，杯壁无花纹图案，杯口稍大，深度适中，便于清洗的作茶杯。

　　泡茶前茶杯必须清洗干净，不留茶渍、污痕，光亮透明。泡茶可先投入适量的茶叶，加沸水少量浸润茶叶，待2～3分钟后再加水冲泡，这样杯子上下汤汁均匀，第一口就能品尝到香浓的茶味。如果是迎宾接客，可先备杯注水润茶，宾客临门，就可以马上品尝到不烫不凉的香茶。

　　先投茶后冲水称"下投"，先冲水后投茶称"上投"，还有"中投"，即先加一半水，投茶后再加水冲满。多数茶叶可"下投"，容重比水大的可"上投"。苏州人喝碧螺春，习惯于"上投"。

　　目前全国各茶区都有芽茶生产，即选采单芽或用抽针法制成，芽茶嫩度好，外形匀齐肥壮重实，用玻璃杯冲泡，可以观察到杯中茶的动静。冲泡时，先投茶，用沸水冲泡。初始芽浮水面，稍后芽头竖于水面，尖朝上，蒂下垂，再开始三三两两徐徐下沉，直到全部竖立于杯底，似刀枪林立，如群笋破土，芽光水色，浑然一体，堆绿叠翠，妙趣横生。在此期间，个别芽头还有自下而上，浮至水面的现象。据说湖南的君山银针，最多可达三次，故有"三起三落"之称。其实许多肥壮的芽型茶，都可以观察到这种现象。根据"轻者浮，重者沉"的科学原理，"三起三落"是由于茶芽吸水膨胀和重量增加不同步，芽头比重瞬间变化而引起的。

　　如果将玻璃杯加一个可防茶水泄漏的盖，就是一个"随身饮"。用"随身饮"泡茶，水温要适当降低，或泡茶后不加盖，放一段时间后，待水温下降后，拧紧杯盖，这样可减少茶汤色变，也便于携带。

（二）盖碗泡茶

　　这里说的盖碗，主要指三件一套（茶碗、碗托、碗盖），敞口式的茶碗，口大便于注水和展示茶色和外形；端起碗托品

尝，热茶也不烫手；反碟式的茶碗盖，既可保温储香，又可拨茶弄水，方便乘热品香尝味。闻香的方法是将碗盖提起，放在鼻子下方嗅。尝味的方法是斜置碗盖，倾茶到碗边，小口品啜。盖碗还可当茶壶，用来泡茶，泡好可将茶汤滗出，分茶入碗，供众人品尝。在中国各地的品茶习俗中，盖碗泡茶多属社会上层的高雅消费，明清以降，蔚为大观。

凡有盖的茶碗（杯），都可称盖碗。泡茶的功效，大体相似，但在社交场合，玩耍起来，总觉得雅趣不及三件盖碗。但目前在大众场合，却更普及。这可能是"以柄代托"，省去一器有关。

（三）茶壶泡茶

茶壶与茶碗、茶杯不同，多了一个泄水出汤的壶嘴。茶壶的壶身、壶嘴、壶把手造型多变，款式层出不穷，尤其是宜兴紫砂壶制作精细，造型变化更多，已发展为壶艺文化。茶壶的容积变化也很大，小的容积不足 0.2 升，大的容积一般 1～2 升。英国川宁茶叶公司有一件陶瓷茶壶，壶高近 1 米，壶身周长约 2 米，可以一次投 2.3 千克茶叶，斟出 1 200 杯茶水。壶身釉彩绘有中国人种茶、采茶、烤茶及海路输出茶叶的图画，可能是清代作品。

小茶壶可泡茶，又可饮品，口对口的呴茶，也算一种情趣。冬天一壶在手，品茶又暖手。也可用壶泡茶，另备茶杯品饮，这样可以控制泡茶时间，掌握茶汤浓淡。可一人独品，也可众人分茶。

茶壶泡茶多属中低档次的茶叶，泡一壶，喝一天，冬天还可以把壶放在火桶里保温，让小火慢慢煨茶，充分浸出茶汁。贫民出身的老舍，幼年家里"用小沙壶沏的茶叶末儿，老放在炉口旁边保暖，茶叶很浓，有时候也有点香。"

　　茶壶也可以泡高档绿茶，不过要根据品茶人数，选用容积合适的茶壶，备齐茶具，先煮水洁器，用沸水现泡现饮。要掌握好泡浸时间，及时沏入茶杯（碗）。按需供茶，不喝不泡，不要让细嫩的名茶长时间地浸泡在热茶壶里，损香变色。

二、乌龙茶冲泡法

　　乌龙茶冲泡法也属"清饮"，由于它与红、绿、花茶冲泡方法不同，所以单列出来。

　　乌龙茶是福建、广东、台湾的特产，也是这里大众饮茶的偏好。尤其是闽南、潮汕地区，饮乌龙茶最为考究，由于煮水、冲泡、品饮颇费时间，故称为"工夫茶"。

　　潮汕风炉、玉书碨、孟臣壶、若琛杯，号称乌龙茶"烹茶四宝"，用以生火、煮水、泡茶、品饮。潮汕人对茶具最为考究，即是平民百姓品茶也都是生火煮水开始，外出旅行，茶具随身带，少即几件，多的有十多件。

　　泡茶用水，考究的要选用山泉，有一件专用的较大的水壶，用以储水，燃料用硬木炭，考究的用橄榄核，现时多用电炉，水至二沸，即可冲泡。

　　泡茶前用沸水把茶壶、茶杯等淋洗一遍，以后泡一次淋一次，目的是洁器和暖器，是古代燀盏的传承。然后把茶叶按粗细分开，碎末垫底，再盖上粗条，中小叶形覆面，以防止碎末堵塞壶嘴。先用沸水"洗茶"，茶叶浸洗后，立即将水倒掉，冲进第二次沸水，水量约九成即可，盖上壶盖，再用沸水淋壶身。

　　冲泡时间，先短后长。第一泡约1分钟左右，到第四泡约2分半钟。

　　斟茶时，将茶汤轮流注入排列好的茶杯，分几轮将壶中汤水泄完，以使杯杯浓淡大体一致，称"关公巡城"，最后斟出的茶汤量少汁浓，每个杯里都要分摊几滴，称"韩信点兵"。乌龙茶冲泡，汤少味浓，乘热品啜，韵味十足，满口生香。

第二次泡，仍要用沸水淋洒暖杯，泡茶、斟茶方法大体相同。整个冲泡进程，要和品啜快慢同步，泡好就斟，斟毕即饮。茶汤入口略有烫舌的感觉，称"喝烧茶"。

台湾乌龙茶冲泡法，与闽、粤大体相同。只有泡好的茶汤先注入一个备好的大杯里，再分匀到一个杯深径小的茶杯里，茶用完后，杯

1. 温壶

2. 烫杯

3. 置茶

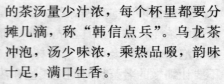

4. 冲泡

5. 分茶

中留香，故名"闻香杯"。古时有"热盏恋香"的故事。这样就不用"巡城点兵"，简化了手续，又增加了"闻香"的雅趣。

附录 中国泉水名录

泉水名	地理位置	记 述
玉泉池	北京西山（玉泉山）	玉泉因流泉汩汩，晶莹似玉，故名。泉水自池底上翻，如沸汤滚腾，称为"玉泉趵突"
大庖井	北京故宫	曾为故宫重要的饮水来源。黄谏尝作京师泉品：郊原玉泉第一，京城文华殿东大庖井第二
一亩泉马眼泉	北京西山	朱国祯《品水》："禁城中外海子，即古燕市积水潭也。源出西山一亩、马眼诸泉……"
满 井广泉寺井	北京香山	清·吴长元《宸垣识略》："山顶玉皇庙，侧有满井，水可手掬。西山顶之井，广泉寺与此为二，甘冽似中泠。谷中渝茗，取汲二井。"
小汤山温泉	北京昌平	《大元一统志》："温泉在昌平县……东南三十五里汤山下。"汤山有11处温泉出露，分布在大汤山、小汤山、后山。以小汤山泉水流量最大，温度最高
白龙潭	北京密云	在县东北。三潭叠翠，山水秀丽，古迹有龙泉寺
佛峪口温泉	北京延庆	北魏·郦道元《水经注》："沮阳东北六十里有大翮小翮山，山屋东有温汤水口。其山在县西北二十里，峰举四十里……右出温汤，疗治百病。泉所发之窦，俗谓之土亭山。泉水炎热，倍甚诸汤，下足便烂，人体疗疾者，要须别引消息用之……"
三叠泉	北京延庆	位于松山风景区松山山麓，宜烹茶
碧带泉	北京延庆	位于松山风景区大海蛇山主峰之下。水质甘冽宜茶
白鹤泉	河北井陉	位于县南苍岩山风景名胜区
百 泉	河北邢台	位于市东南，因平地出泉无数而得名。泉区面积达20平方千米，形成"环邢皆泉"的天然胜迹
热河泉*	河北承德	位于避暑山庄景区。泉水由地下涌出，流经"澄湖"、"如意湖"、"上湖"、"下湖"，从"银都"南流出，沿长堤汇入武烈河。古称"热河"1979年定名"热河泉"

139

注：泉水名有 * 号者本书正文中有记述。

（续）

泉水名	地理位置	记　　　　述
伊逊河水	河北围场	源头在县境北。清代皇族常在木兰围场，一边眺望围猎，一边汲水烹茶。乾隆认为伊逊河水可与京师玉泉山玉泉水相媲美
难老泉 善利泉 鱼　沼	山西太原	位于市南晋祠。唐·李白有"晋祠流水如碧玉"诗句。难老泉出露于圣母殿右侧，善利泉在难老泉左，还有称鱼沼的名泉
娘子关泉	山西平定	位于晋冀关隘要塞。地下水在绵河右岸形成一系列侵蚀下降泉，大的有水帘洞泉、五龙泉、谷实泉、坡底泉、滚泉等，统称娘子关泉群。涌水量以水帘洞泉最大
百谷泉	山西长子	位于县西50步。有泉二所，一玄一白，甘洌异常
神堂泉	山西广灵	位于县南壶山
五台山泉	山西五台	明·李日华《紫桃轩又缀》卷三："五台山冬季积雪，山泉冻合，冰珠玉溜，晶莹逼人。然遇融释时，亦可勺以煮茗。"
龙　泉	山西五台	位于台怀镇以南5公里处的九龙冈山腰
般若泉	山西五台	位于台怀镇口。清康熙、乾隆数上五台山，烹茗饮水均从此泉汲取
流玉泉	山西孝义	位于县西70里玉泉山
洪山源泉	山西介休	位于县城东洪山山麓，泉水从18个泉眼中涌出汇集于泉前大小池中
龙子泉	山西临汾	位于城西南15公里的平山山麓，又名平水、平阳水、晋水、蜂窝泉
霍　泉	山西洪洞	位于县城东北17公里的霍（太）山山麓。郦道元《水经注》："霍水出自霍太山，积水成潭，数十丈不见其深。"
淡　泉 （甘泉）	山西运城	在河东盐池（解池）之北。他水皆咸，此水味独甘洌，故又名甘泉，可汲而饮
阿尔山 温泉	内蒙古 阿尔山	阿尔山，不是山名，是蒙语中"圣水"的意思。泉区长500米、宽40米，有48个泉眼，泉水汩汩而出，久旱不涸，是一处可浴可饮的"药泉"
汤岗子 温泉	辽宁鞍山	位于千山风景区。相传李世民东征时，曾在此泉入浴。泉水可饮
兴城温泉	辽宁兴城	位于城东南。共有12泉眼，以天井泉水质最优，澄明无味，有"圣水"之誉。泉水温度高达70℃，可饮可浴
长白山 温泉	吉林 长白山	长白山温泉群，著名的有长白温泉、梯云温泉、抚松温泉、安图药水泉、长白山天池，还有天池西侧的金线泉、玉浆泉等。有的可以疗疾

（续）

泉水名	地理位置	记　　　　述
五大连池矿泉	黑龙江五大连池	五大连池火山群有 14 座火山，其中的药泉山，火山泉眼众多，著名的有北泉、南泉、南洗泉、翻花泉。南泉和北泉为饮泉
洗心泉	上海松江	在县西，东佘山招提寺、兰若寺附近
八功德水*	江苏南京	明·徐献忠《水品全秩》："八功德者，一清、二冷、三香、四柔、五甘、六净、七不壃、八除疴。"相传，在南京灵谷寺
鸡鸣山泉	江苏南京	
国学泉	江苏南京	
城隍庙泉	江苏南京	
玉兔泉	江苏南京	在府学东廊前
凤凰泉	江苏南京	
仓　泉	江苏南京	在骁骑卫
忠孝泉	江苏南京	在冶城
龙　泉	江苏南京	在祈泽寺
白乳泉	江苏南京	在摄山栖霞寺。有"白乳泉试茶亭"石刻、白乳泉庵
品外泉*	江苏南京	在摄山古佛庵左
珍珠泉*	江苏南京	在摄山栖霞寺
龙王泉	江苏南京	在牛首山
虎跑泉	江苏南京	
太初泉	江苏南京	
甘露泉	江苏南京	在雨花台
茶　泉	江苏南京	在永宁寺
玉华泉	江苏南京	在净明寺
梅花泉	江苏南京	在崇化寺
八卦泉	江苏南京	在方山
狮子泉	江苏南京	在静海寺
宫氏泉	江苏南京	在上庄
义　井	江苏南京	在德恩寺
葛仙翁丹井	江苏南京	在方山
龙女泉	江苏南京	在衡阳寺。以上鸡鸣山泉等为金陵二十四泉
铁库井	江苏南京	在谢公墩
百丈泉	江苏南京	在铁塔寺仓

141

（续）

泉水名	地理位置	记　　　述
金沙井	江苏南京	在铁作坊
武学井	江苏南京	
石头城下水	江苏南京	在石头城
莲花井	江苏南京	在清凉寺对山
焦婆井	江苏南京	在凤台山外
仓　井（鹿苑寺井）	江苏南京	在留守右卫。加上铁库井等可称为金陵三十二泉
一勺泉　梅花水　雨花泉	江苏南京	钟山一勺泉，嘉善寺梅花水，永宁庵雨花泉，水中之精品
钟山水	江苏南京	李德裕《浮槎山水记》云：钟山水与浮槎之水其味同也
卓锡泉*	江苏江浦	在定山观音岩下定山寺内，清朝该县刘岩作有《定山泉水记》
惠泉*（第二泉）（陆子泉）（惠山泉）	江苏无锡	在惠山。唐大历（766－779）末年无锡令敬澄开凿，因西域僧人惠照曾居住附近而得名。泉分上、中、下三池，以上池最佳，甘香重滑，极宜煮茶。唐时品定为天下第二泉，宋徽宗时为宫廷贡泉
移喜泉	江苏无锡	《梅花草堂笔谈》："移喜泉。朱方黯宅有泉喜，每斋中惠泉竭，辄取之……"
真珠泉*（卓锡泉）（珍珠泉）	江苏宜兴	山亭之乡，有泉名卓锡。昔稠锡禅师驻杖于此，石罅之中，甘醴潄然出出，谓之珍珠泉，亦曰真珠。厥后龙子见于泉源，蛇神献其茶种，取种莳之，芳遍山麓，阳羡茶、泉，由兹推南岳矣。唐时，贡茶泉亦上供……
於潜泉	江苏宜兴	於潜泉在宜兴湖㳇镇税场后，窦穴阔二尺许，状如井。其源尝伏，味甘洌，唐修贡茶时，此泉亦上供
小山泉*	江苏邳县	吴钺《小山泉记略》作了记述
高氏父子泉*	江苏武进	在阳湖安丰乡南芳茂山大林庵
喜客泉	江苏金坛	在苏南茅山东北。明·徐献忠《水品全秩》："喜客泉，人鼓掌即涌沸，津津散珠。"
虎丘石泉*（观音泉）（陆羽泉）	江苏苏州	在虎丘。唐·刘伯刍评为天下第三泉。明·王鏊作有《虎丘复第三泉记》

142

（续）

泉水名	地理位置	记　　　　述
憨憨泉	江苏苏州	在虎丘。相传为得道僧憨憨和尚者卓锡所出。《吴县志》有"植锡杖之故所，化灵源之尚存"句。宋·郭麟孙《游虎丘》："试茗汲憨泉。"
海眼泉	江苏苏州	在洞庭东山半坼之顶。有二穴，如人目，冬夏涓涓，深不可测
柳毅泉	江苏苏州	在洞庭东山郁家湖口。水可俯探，潦旱无盈涸，风摇亦不浊
灵源泉	江苏苏州	在洞庭东山碧螺峰下。相传患目者濯之辄愈
青白泉	江苏苏州	在洞庭东山法海寺遗址。二泉，一青一白
悟道泉*	江苏苏州	在洞庭东山翠峰山居。以上海眼泉等为洞庭东山五泉
无碍泉	江苏苏州	在洞庭西山缥缈峰下水月寺东。本为无名泉，遂以郡守李弥大之号无碍名泉，李弥大作有《无碍泉序》
毛公泉	江苏苏州	在洞庭西山毛公坛下。即毛公炼丹井也
石版泉	江苏苏州	在洞庭西山天王寺北
石井泉	江苏苏州	在洞庭西山严重家山下古樟东南
鹿饮泉	江苏苏州	在洞庭西山上方坞。水味甘冽，止盈一铛，随汲随至
惠　泉	江苏苏州	在洞庭西山法华寺旁
军坑泉	江苏苏州	在洞庭西山綱坑之西
乌砂泉	江苏苏州	在洞庭西山龙山之下。穴深丈余，泉甘白，盛瓷瓯中，微积乌沙，故名
黄公泉	江苏苏州	在洞庭西山绮里西徐胜坞。汉·夏黄所隐处也
华山泉	江苏苏州	在洞庭西山华山寺前。以上无碍泉等为洞庭西山十泉
灵　泉 蒙　泉 鉴　泉	江苏苏州	华山泉源有三：灵泉、蒙泉、鉴泉也
隐　泉	江苏苏州	在西山包山寺
仙　泉 （澄照泉）	江苏苏州	在阳山澄照寺。钱氏时，有泉出于寺中，因名仙泉，后改曰澄照泉
七宝泉	江苏苏州	在光福邓尉山妙高峰下。明·谢晋作《七宝泉》：邓尉山中七宝泉，味如沆瀣色如天

143

（续）

泉水名	地理位置	记　　述
白云泉	江苏苏州	在天平山。为乳泉。白居易、范仲淹守苏时皆诗咏之。宋·陈纯臣《荐白云泉书》对白云泉颂扬备致："有山曰天平，山之中有泉曰白云。山高而深，泉洁而清。倘逍遥中人，览寂寞外景，忽焉而来，洒然忘怀。碾北苑之一旗，煮并州之新火。可以醉陆羽之心，激卢仝之思。然后知康谷之灵，惠山之美，不足多尚。"
龙口泉	江苏苏州	在天平山。明·徐有贞有"一口清泉湛湛流，岩前闲度几春秋"之句
飞　泉	江苏苏州	在横山。山有五大坞，又名五坞山。宋皇祐五年（1053）平江军节度推官马云三游此山，求其林涧之美，峰壑之秀，云景之丽，泉石之怪，因其物象，各以美名，名五坞。其《飞泉坞》："高崖落飞泉，深源味冷冽。云津留玉乳，石髓澄金屑。淙淙危磴响，滴滴苍藓缺。溅沫洒明珠，满涧融寒雪。岩夫就漱饮，姬子临浣洁。不独愈痼疾，自可清内热。"
尧峰泉	江苏苏州	在尧峰山之巅，泉因山名。泉色似玉，味极甘冽
尧峰井*	江苏苏州	在横山尧峰院。宋·蒋堂作有《尧峰新井歌并序》
宝云井	江苏苏州	在横山尧峰院。院有十景，其一即宝云井。宋·释怀深有《山居十咏·宝云井》诗
吴王井	江苏苏州	在灵岩山顶。相传为春秋吴王时开凿。味极甘冽，宜茶
铜　泉	江苏苏州	在光福铜坑山，因产铜而得名。其泉清冽可饮
六泾泉	江苏苏州	在六泾桥下。汲之烹茶，其味清冽，不减虎丘、吴淞诸泉
冽　泉	江苏常熟	在虞山白云栖禅院。泉从石洞中溢出，味甘冽，故名冽泉
玉蟹泉	江苏常熟	在顶山之西，秦坡涧之上。以之渝茗，味甘且腴，甲于虞山诸泉
第六泉*（吴淞江水）	江苏昆山	在吴淞江中，相传南近千亩潭，北近蒋家圩，一云在墨竹渠左近
玉涓泉	江苏如皋	在市中禅寺内。水味清冽，玉色涓涓，故名
幻公井	江苏南通	在通州城南十里狼山
玻璃泉*	江苏盱眙	在县西秀岩下，文庙后。郭起元有《玻璃泉记》
江北第一泉	江苏仪征	在厂西马神庙旁。有井亭，额曰江北第一泉
慧日泉	江苏仪征	在天宁寺藏经楼下。苏东坡自儋召还，道出真州，爱楞伽庵地，留写光明经。井隔院墙，暇日酌水品之，喜其清甘，题曰慧日泉。渔洋山人《江深阁》有"自令五载真州客，初试东坡慧日泉"之句

（续）

泉水名	地理位置	记　述
古东园塘	江苏仪征	在宋东园旧址之南，北隔一河，即旧建欧阳碑记处。俗名古董塘
鹿跑泉	江苏仪征	在灵岩山法义院。可烹茶
圣　井	江苏靖江	在长安寺旧址之北
第五泉* （大明寺井）	江苏扬州	在扬州大明寺前大明寺有塔院西廊井和下院蜀井二水，徐所标为塔院西廊井，两井昔固并峙，乃一显一晦，独湮没于尘土数百年，考古之士大夫亦无能举其旧名
蜀　井	江苏扬州	在城西北蜀冈上禅智寺，其泉通蜀，故名。又云：水味甘洌如蜀江
桃花泉 （桃花井）	江苏扬州	在扬州城内原清代盐政署中，为煮茶之佳泉
青龙井* 广陵涛 二泉* 丁家湾井* 亭　井* 四眼井*	江苏扬州	清李斗《扬州画舫录》有记载
中泠泉* （扬子南零）	江苏镇江	中泠泉在瓜洲城南大江中金山北
白鹤泉	江苏丹阳	位于县东30里绣球山顶。味甘而洌，烹茗佳
观音寺水* （玉乳泉）	江苏丹阳	张又新《煎茶水记》："丹阳观音寺水第十一。"宋·张世南作《三叠泉、中泠泉和乳玉泉》其中之玉乳泉，即丹阳之观音寺水
玉　泉*	浙江杭州	在钱塘九里松北净空院。宋·吴自牧《井泉》对杭州玉泉等33品目有记述
真珠泉	浙江杭州	在大慈崇教院，为张循王真珠园内也
灵　泉	浙江杭州	在寿星寺前，有亭；而广福寺亦有之
金沙泉	浙江杭州	在仁和永和乡，东坡诗有"细泉幽咽走金泉"之句
杯　泉	浙江杭州	于寿里寺
卧犀泉	浙江杭州	
萧公泉	浙江杭州	在灵隐寺后
岁寒泉	浙江杭州	在龙井山崇因院
法华泉	浙江杭州	在南山满觉寺

145

（续）

泉水名	地理位置	记　　　　　述
参寥泉*	浙江杭州	元祐（1086－1094 年）年间，此僧住上智果寺，寺有泉，东坡以僧之名为泉名
颖川泉	浙江杭州	在南高峰
观音泉	浙江杭州	观音泉有三，法通、传灯、真如三寺也
喷月泉	浙江杭州	在南山晴竹园广福寺
定光泉	浙江杭州	在西山长耳僧法相院西定光庵侧
白沙泉*	浙江杭州	在灵隐寺西普贤院方丈之西
周公泉（北牖泉）	浙江湖州	在湖州市下闸
甘　泉	浙江杭州	在城北童家巷南
惠　泉	浙江杭州	在钱塘长寿乡大遮山惠泉寺
冰谷泉	浙江杭州	在临平山寂光庵侧
寒　泉（荐菊泉）	浙江杭州	在钱塘门外嘉泽庙
生绿泉	浙江杭州	在南山福圣院
六一泉	浙江杭州	在西湖孤山后岩，四圣太乙道馆园内。宋元祐六年（1091），苏轼任杭州知州时，僧惠勤讲堂初建，掘地得泉，苏轼称其"白而甘，当往一酌"。此二人皆出六一居士欧阳修门下，泉出之际适逢其去世，轼遂以"六一"名泉，并为之作铭。后岁久湮废。明成化间浚发之。现泉池面积 2 平方米，上盖半亭一座
仆夫泉	浙江杭州	在孤山四圣太乙道馆园内
大悲泉	浙江杭州	在上天竺
茯苓泉	浙江杭州	在灵隐寺西无垢院
虎跑泉	浙江杭州	在大慈山
持正泉	浙江杭州	在六和开化寺
涌　泉*	浙江杭州	在霍山行宫西清心院前山坡下
天泽泉	浙江杭州	在曲院小隐寺前，有亭覆之
安平泉*	浙江杭州	在仁和安仁西乡安隐院
瑞石泉	浙江杭州	在城内料粮院北瑞石山下
青衣泉	浙江杭州	在太庙后三茅观园内
武安泉*	浙江杭州	在皇城司营

(续)

泉水名	地理位置	记　　　述
西湖水	浙江杭州	武林西湖水，取贮五石大缸，澄淀六七日，有风雨则覆，晴则露，使受日月星之气，用以烹茶，甘淳有味，不逊慧麓。以其溪谷奔注，涵浸凝渟，非复一水，取精多而味自足耳
莲花泉	浙江杭州	在飞来峰顶，石岩无土，清可啜茶
烹茗井	浙江杭州	在灵隐山。白少傅汲此烹茗，故名
龙泓*（西湖龙井泉）	浙江杭州	武林诸泉，惟龙泓入品，而茶亦惟龙泓山为最
冷　泉	浙江杭州	在灵隐山。泉山有亭，名冷泉亭，唐代其名已显。"冷泉"二字为白居易书，"亭"字为苏轼续书。林丹山诗云："一泓清可沁诗脾，冷暖年来只自知。"苏轼有《送唐林夫》诗，赵师秀有《冷泉夜坐》诗，陆游有《冷泉放闸》诗，白居易有《冷泉亭记》
双　井	浙江杭州	在南山净慈禅寺。宋绍定四年（1231）僧法薰以锡杖扣殿前地，出泉二派，甃为双井。丞相郑清之为《记》，并作《双井》诗："水神何时生六翮，飞出双泉江练白。"
一勺泉	浙江杭州	在涌金门外宝石山崇寿院右壁，太仆丞张瑛名之。有诗云："绝顶盘峰秀，蛟龙拥地连。……吐翻流乳滑，嵌泄溅珠圆。鱼跃金梭见，虹垂宝带悬。洗瓯僧瀹茗，供佛客警钱。"
沁雪泉	浙江杭州	在石佛山。泉出石中，甘寒宜茗
阅古泉	浙江杭州	宋权相韩侂胄赐第于杭州宝莲山下，建阅古堂，引水入池，名阅古泉。乃引宝莲山青衣泉水之人工泉池。陆游作有《阅古泉记》
梦　泉	浙江杭州	在上天竺。宋崇宁元年（1102），主僧玉法师梦泉发于西坡，凿之果得，故名
佛眼泉	浙江萧山	县西四十里山石上。深不盈尺，围不逾杯
北干泉	浙江萧山	
严陵滩水	浙江桐庐	在严州府钓台下，泉甚甘。唐·张又新《煮茶水记》：桐庐严陵滩水第十九。旧时江岸有天下十九泉亭
玉　泉	浙江桐庐	在城北乌龙山麓
云护泉	浙江桐庐	在罗迦山云护庵外
东坡泉（洼泉）	浙江临安	在双溪西数十步，石窍中出，坡公始寻溪源，得之，以瀹茗。……开禧二年（1206），令章伯奋作（荐菊）小亭其左，取东坡诗一盏寒泉荐秋菊之义

（续）

泉水名	地理位置	记　　述
丁东泉	浙江临安	在县西五十里鹫峰山。洞中泉水丁东，味甘宜茶
石柱泉	浙江临安	在县西石柱山。故名。味冽而清，宜于烹茶
神　泉	浙江临安	在神仙岭下，源出深洞中，味甘冽，烹茶可疗疾，虽旱不竭
偃松泉	浙江余杭	在径山之阳。泉上有偃松，故名。色乳味甘，宜烹茶
丹　泉	浙江余杭	在天柱山。元·张光弼有"更酌丹泉饮一杯"之句
玉龙溪飞瀑	浙江淳安	在秋源。玉龙溪自龙口而下，水流湍急，形成四级飞瀑：龙门瀑、水帘瀑、翡翠瀑、藏龙瀑
白蛇洞瀑布	浙江淳安	在秋源。系白蛇洞自上而下形成的，凡五级：剑池瀑、玉笋瀑、水帘瀑、白蛇瀑、三龙戏珠瀑
淳安铁井	浙江淳安	原在淳安县城西。宋绍圣（1094－1098）进士汪常开掘。政和七年（1117）铸铁井圈护拦。县城迁排岭后，铁井圈也移至排岭施家塘边新井上
玉　泉	浙江镇海	在县东北三十里广福院内。味甘色白，烹茶为胜
龙　泉	浙江余姚	在城西龙泉山，相传宋高宗曾登山品水。山腰龙泉终年不竭，澄清一碧，龙泉山因龙泉得名
清　泉	浙江慈溪	在城西北五十里定水禅寺。泉甘冽，宜煮茗
彭姥岭泉	浙江象山	在狮子山上。山半彭姥岭，侧有泉水，味甘
它　泉	浙江鄞县	鄞泉以它山为上，不减锡山二泉。李邺嗣《鄮东竹枝词》："天井山茶味自长，它泉烹酌淡而香，并论太白谁优劣，一任闲人肆抑扬。"
虎跑泉	浙江鄞县	在灵山。舒懒堂天童虎跑泉诗："灵山不与江心比，谁为茶仙补水经。"
龙湫泉	浙江乐清	在北雁荡山。清·陈朝鄞曾用龙湫泉水沏雁山茶，有诗云："雁山峰顶露芽鲜，合与龙湫水共煎，相国当年饶雅兴，愿从此处种茶田。"上有悬瀑下有深潭叫"龙湫"犹言龙潭
清　泉	浙江乐清	在市西雁荡山玉甑峰上的玉虹洞内，冬暖夏凉，有甘美之味
龙鼻泉	浙江乐清	在雁岩山之东谷。有冈似龙，鼻有窍，泉从中涌出，故名
老松泉	浙江永嘉	在县东华盖山。昔人于老松下得泉，故名
珠泉池	浙江瑞安	在县东北仙岩山圣寿寺方丈东北隅。池形长方，深约数尺，涧草平铺，澄澈见底，频起泡珠，故名为珠泉。掬以烹茗，味甚甘冽

（续）

泉水名	地理位置	记　　　述
烹茶井	浙江平阳	在县西南八十里松山，泉清美。吴越钱弘偶尝以中书令永嘉，移镇闽中，与僧愿齐汲此泉瀹茗
幽澜泉*	浙江嘉善	在县东武水北景德寺中
绿香泉	浙江嘉兴	弘治中（1488—1505年），嘉兴邹汝平归东邱，掘古井，得泉甘冽，乞名人为图及诗文题咏其事，凡十九人。明·朱宗儒作《绿香泉卷》。著录于清·姚际恒《好古堂书画记》："山水初不经意，草草而成，绝类沈石田。前于鹏书'绿香泉'三字。"
玉泉池	浙江平湖	在大乘寺。其泉汪洋澄澈，煮茶无滓。故名
灵泉井	浙江海宁	在县东六十里黄湾真如寺侧……陈逸撰记云："邑之东六十里，山曰菩提，水曰灵泉……泉在寺旁，饮之，与吾家庶子泉颇相伯仲……此邑地半海卤，而有斯泉，惜乎陆羽、张又新辈未尝一顾，不列于《茶经》水品。……庶子泉在二浙之冲，瓶罂之行，不远万里，好事者谓茶得泉，如人得仙丹，精神顿异。"
庶子泉		
白水泉	浙江海宁	在西山白水庵。旁有泉，渟洁、色白、味淡，点茶最佳。泉昔在室中，后室毁，露于山麓，较畴昔之美，远不逮矣
赤壁泉 （半月泉）	浙江海宁	在东山小赤壁下。有寒泉亭……一名半月泉。赤壁泉者，从色也；名半月泉者，象形也
雪窦泉	浙江海盐	在县南三十里鹰窠顶山云岫庵前。由山麓至庵有九曲径、初憩亭、三休亭、狮头岩、合掌岩。庵前有泉，深丈许，旱涝不加盈涸，味甘冽，名雪窦泉
毛公醴 泉井	浙江德清	在县西北七里招贤山麓，泉始出平原，其色如乳，宋知县毛滂取以烹茶，味甘冽，因疏凿为井，故东堂诗有"烹茶玉醴轻"之句
半月泉	浙江德清	在县东北百寮山。晋咸和（326—334年）间梵僧名昙者，过其地，指山石曰是中有泉，乃卓庵其处，凿石镰如半月，果得泉，清凉甘美，故名。苏轼诗云："请得一日假，来游半月泉，何人施大手，劈破水中天。"
金沙泉 （金砂泉） （瑞应泉） （涌金泉）	浙江长兴	在顾渚山。金沙泉有寺，寺有碑，载当时杭、湖、常三州太守贡茶唱和诗。唐时，用此水造紫笋茶进贡，有司具仪祭之，始得水，事讫，即涸。宋末，屡浚治，泉不出。是时，帝遣官致祭，一夕水溢，可溉田千亩。所司以闻，赐名为瑞应泉。此泉，本朝久涸，近明月岕茶盛行，此泉复溢出

（续）

泉水名	地理位置	记　　述
砣山泉	浙江绍兴	在砣山。山形如砣，故名。泉即以山名也。陆游《湖山》九首之二："湖上多甘井，砣泉尤得名。何时枕白石，静听辘轳声（自注：砣山泉）。"
楔　泉*	浙江绍兴	见明末张岱《陶庵梦忆》卷三
陶溪泉	浙江绍兴	见明末张岱《陶庵梦忆》卷三
阳和泉*（玉带泉）	浙江绍兴	见明末张岱《陶庵梦忆》卷三
清白泉（卧龙山泉）（范公泉）	浙江绍兴	在卧龙山。"越城八山，蜿蜒奇秀者，卧龙山也……范公《清白堂记》云：山岩之下，获废井，视其泉清而白色，味之甚甘，以建溪、日铸、卧龙、云门之品试之，云：甘液华滋，悦人灵襟。"
惠　泉	浙江绍兴	在太平山。二泉如带，大旱不涸。宋·晏殊诗："稽山新茗绿如烟，静挈都篮煮惠泉，未向人前杀风景，更持醪醋醉花前。"
郑公泉	浙江绍兴	在县东南……泉有二脉，滴沥出石罅，味极甘，宜茶
苦竹泉	浙江绍兴	在泰望山侧，……泓洁宜茶
老婆岭泉	浙江上虞	在县北老婆岭
葛仙翁井泉 瀑布泉 五龙潭 簟山三潭 石门潭 响岩潭 动石潭 三悬潭 紫岩潭 橐　潭 亚父潭 雪潭泉 偃公泉 龙藏大井 明觉大井 竹山大井 谢岩潭 狮子岩大井	浙江嵊州	剡山十八泉品见嘉定八年（1215）高似孙《剡录》。剡为汉时县名，《剡录》为宋代地方志。剡县即今浙江嵊州。剡山之奇深重复，皆聚乎西。其西曰太白山，小白山，峻及崔嵬，吐云含景，瀑泉怒飞，清波崖谷，称瀑布岭，岭中产仙茗。茶非水不可，水得茶方神。卢天骥《玉虹亭试茶》："才见飞泉眼则明，玉虹垂地半天声，何时萧鼓无公事，洗钵重来汲浅清。"又"航湖末逐鸥夷子，得水今同桑苎翁，试逐茶欧作花乳，从教两腋起清风。"剡山泉品：葛仙翁井泉，瀑布泉县西太白山，五龙潭县西北，簟山三潭县东四明山，石门潭县西，响岩潭县西，动石潭县北，三悬潭县西南之北，紫岩潭县西，橐潭县西北，亚父潭县西，雪潭泉上乘寺，偃公泉，龙藏大井，明觉大井，竹山大井，谢岩潭，狮子岩大井

（续）

泉水名	地理位置	记　　　　述
真如山泉	浙江嵊州	在县西北五十里。其水烹茶，味极香美，茶叶浮于杯面
会稽山瀑布泉	浙江诸暨	在县东太白峰，瀑布怒飞，清被岩谷，悬下三十丈，称瀑布岭，产仙茗
余姚瀑布泉	浙江余姚	瀑布岭茶，因山有瀑布水而名。黄宗羲《制茶》诗有"犹试新分瀑布泉"之句
天池泉	浙江兰溪	在洞岩山飞来峰下。清鉴毫发。元代于右石诗："万叠岚光冷滴衣，清泉白石锁烟扉。"
玉壶湖	浙江金华	在长山之巅，上有双峦，曰玉壶，曰金盆，中有湖。湖水清莹无滓，甘冽胜于他水
梅花泉	浙江浦江	在东明山。有老梅横蹲其上，"水之澄泓净洁，共此铁干银葩"为双绝云。汲取者络绎不绝，颇为此地之胜
须女泉	浙江江山	在县北三里。发源西山之麓，深不及丈，形如半月。甘冽宜茗。逆流溉田百余亩，唐因之名县曰须江
金通泉	浙江缙云	浮杯亭在县东七十里今竹庄旁，有金通泉，从溪流岩罅中出，煮茶味最佳
炼丹泉	浙江松阳	在上方山。沈晦诗云："犹余一勺丹泉井，洗尽人间名利心。"
马蹄泉	浙江松阳	在东横山。唐·戴叔伦诗："偶入横山寺，溪流景最幽。露涵松翠滴，风涌浪茶浮。老衲供茶碗，斜阳送客舟。自缘归思促，不得更迟留。"
松岩潭三	浙江临海	在县西北七十里。上潭险绝无径，中潭宜煎茶，每祷则渝茗焉
黑龙潭三	浙江临海	在县北一百二十里。其水三色
滴滴泉	浙江黄岩	在瑞岩山。泉水缓滴，澄泓甘洁宜茶
天台山瀑布	浙江天台	在县西四十里。张又新《煮茶水记》：天台山西南峰千丈瀑布水第十七
廉　泉	安徽合肥	在包河公园包公祠左侧。井亭上有"廉泉"二字
浮槎山泉*	安徽肥东	在县东四十里与巢县接壤的浮槎山顶，甘露寺前有泉池二口，中间有小埂分隔，西池为清泉属肥东，东池为浊泉，地界巢县。宋·欧阳修作有《浮槎山水记》
地藏泉	安徽九华山（青阳县）	在神光岭侧。相传唐贞元十三年（797），金地藏肉身由南台迁往神光岭建塔时，揭石得泉
龙女泉	安徽九华山	在东岩西下。相传金地藏居东岩时，龙女指石，揭之得泉
美女泉	安徽九华山	在回香阁南。因泉西南有仙姑尖，相传为美女所化，故名

（续）

泉水名	地理位置	记　　述
金沙泉	安徽九华山	有二：一在上禅堂西，有石池，岩石上刻"金沙泉"三字，相传为李白洗墨处；一在无相寺旧址南，明·王守仁游无相寺有"金沙不布地，倾沙泻流泉"诗句
千尺泉	安徽九华山	在龙池西北，泉水自赭云峰飞泻而下，落差千尺
龙虎泉	安徽九华山	在摩空岭北峭壁下。清康熙年间甘露僧刻"龙虎泉"三字于石壁
甘　泉	安徽九华山	在抵园寺至百岁宫途中。旧有甘泉书院，为明代理学家湛若水南游讲学处。遗址后湛若水手书"甘泉"二字石刻
涌　泉	安徽九华山	在二天门古涌泉亭南侧。今被盘山公路填塞，但泉水渗流如故
闵公泉	安徽九华山	在虎形峰东麓。今为东崖宾馆拓建为备用水池
龙王泉（龙王井）	安徽九华山	在九华街。泉水溢流地表，清冽甘甜，居民多饮用此井泉水。1978年立"龙王泉"石碑于井侧
太白泉（太白井）	安徽九华山	在太白书堂古银杏树下。1979年九华山管理处以方石砌井围，以条石筑护栏
天池泉	安徽九华山	在天池庵后。泉自石壁涌出，味甘美，旱涝流量不变
芙蓉泉	安徽九华山	在芙蓉峰西北。其泉高九华街百米余
定心泉（洗心泉）	安徽九华山	在大岭头下，平田冈侧。古有洗心亭，今废。民谚："北有定心石，南有定心泉。两处不定心，拜佛心不诚。"
圣　泉（无底泉）	安徽九华山	在魁山古圣泉寺后。寺久废，泉仍溢流不息。古称无底泉。清·陈其名有诗云："久安愚客谢尘缘，何幸春山觅圣泉。灵液远通岩下窟，清光倒漾水中天。"
白龟泉（灵源）	安徽九华山	在山西麓龟山古崇寿寺北，又名灵源。相传古寺开工之日，白龟爬行庙基，谓："白龟摆脱泥涂辱，步入金莲佛道场。"故山与泉皆以"龟"名
天花泉	安徽九华山	在天花峰文殊殿侧。泉深1米，水漫井洞，常年不竭
三角泉	安徽九华山	有二：一在山西麓曹山古延寿寺东；一在山东古净信寺（今名老庵）前
碧玉泉	安徽九华山	在少微峰北，青草湾内。泉水泻崖，澄碧如玉，故名。唐进士费冠卿辞诏不仕，隐居于此，汲泉烹茗，故有"蕴玉含晖一水间，碧光炯炯照人寒。却疑洗出荆山璞，若有瑕疵试指手。"

（续）

泉水名	地理位置	记　　述
沙弥泉	安徽九华山	在沙弥峰。旧时沙弥庵僧人砌石为井。今庵废井存，四季常流
舒姑泉	安徽九华山	在翠盖峰西下，今猪窠里内。旧传美丽的舒姑化成金鲤，游于于泉潭之中
泒泒泉	安徽九华山	在西洪岭古龙安院前。泉分双流，泒泒有声，故名
六　泉	安徽九华山	在六泉口东岸。池长3米，宽2米，深不逾0.5米。莹澈见底，中有泉眼6孔，流沙喷涌，如吐金花
虎跑泉（虎跑泉）	安徽九华山	在西洪岭东北古道旁。传说古代香客口渴难忍，伏虎禅师令虎跑泉
天　泉（酒泉）	安徽九华山	在中莲花峰东北泉潞峰顶。旧说为仙人造酒泉
七布泉	安徽九华山	在山东麓九子岩北古福海寺西。夏秋瀑注，轰流数百米，分崖壁七曲七折而下，每瀑高十余米，飞珠泻玉，洒落层崖。释希坦作《七布泉诗》
温　泉	安徽九华山	在翠峰东面石壁上。久雨不增，亢旱不息，凝寒不冻，故名
巴字泉	安徽九华山	在山东麓净居寺东。细泉千股合为瀑，萦回三折，跃出石门，形如"巴"字
汤口温泉	安徽黄山	史书记载："黄山旧名黟山，东峰下有朱砂泉，可点茗。"汤口温泉为"朱砂泉"的误传已久。科学考察表明：黄山汤口温泉、溪水、岩石、土壤中，都不含朱砂（硫化汞）
法眼泉	安徽黄山	在慈光寺后，附近有千僧灶、披云桥等古迹
锡杖泉	安徽黄山	在云谷寺前，又名灵锡泉。旧传南朝宋时一东国僧用锡杖捣石，即泉涌出，故名
天眼泉	安徽黄山	在狮子峰。泉小，细流滴沥，久旱不涸，水味甘美
瀑布泉	安徽黄山	在外云峰下。旧传轩辕黄帝曾汲泉炼丹
澡瓶泉	安徽黄山	在石门峰半壁。有石如瓶，水出其中
圣水泉	安徽黄山	在莲花峰腰。微有泉脉，安公疏泉成池。朱白民取经胜莲义，题以圣水
千秋泉	安徽黄山	水清澈，泡茶品饮，有清脑提神之功
鸣弦泉*	安徽黄山	在鸣弦桥

153

（续）

泉水名	地理位置	记　　述
三叠泉	安徽黄山	在鸣弦泉附近。泉水沿石壁流经三级陡坎，似三泉重叠，故名
落星泉	安徽黄山	从停雪石入谷，鸣弦洞上，水自悬崖直下，冲击五道石坎，水珠四溅，如陨星落地，故名
洗杯泉	安徽黄山	在醉石旁。传说李太白曾在此饮酒，于泉中洗杯
丹　泉	安徽黄山	在炼丹峰仙人桥旁。旧志记载传闻，说此泉水无定形，无定色，亦无定名
秋　泉	安徽黄山	在石笋矼左堑台上，有两小池，蓄水约二担。明人余书开于立秋日发现此泉，故名
三味泉	安徽黄山	在天海。水清味美
白乳泉*（白龟泉）	安徽怀远	在城南。因其甘白似乳而得名。味甘冽醇厚，煮茶烹茗，尤为可人
圣　泉*	安徽萧县	在凤山，温长发作有《圣泉亭记》
六一泉（玻璃泉）	安徽滁县	在县西南琅琊山醉翁亭旁。涌甘如醍醐，莹如玻璃，又名玻璃泉
紫微泉	安徽滁州市	在县西南琅琊山丰乐亭下。一名幽谷泉。欧阳修诗曰："滁阳幽谷抱山斜，我凿清泉子种花。"
庶子泉	安徽滁州市	在琅琊山。大历（766—779年）中，李幼卿以太子庶子出知滁州，与释法琛建宝应寺于琅琊山中。泉因其官职而名。王元之、盛度、李虚己有诗，李阳冰以篆书勒铭于摩崖石刻
龙池水（第十泉）	安徽六安	在六安东四十里龙池山。唐·张又新《煎茶水记》：庐州龙池山岭水第十
咄　泉（珍珠泉）	安徽寿县	在寿县城北五里。泉与地平，每闻人声，水辄涌出如珠，又名珍珠泉
汤　泉	安徽舒城	在县西南七里，真如山下，冬夏常热，有汤井可烹茶
塞基山泉	安徽金寨	在六安州西百三十里。山极高峻，产茶，香色异常品，有泉出石窦。甚甘
郭母古井	安徽郎溪	在建平县西南三十里。俗传仙人以药投井，水变为醴者，即此
沸　泉	安徽郎溪	在县东十里。水味甘美，冬温夏凉
白云潭	安徽泾县	县北白云山产美茶（白云茶），下有白云潭

（续）

泉水名	地理位置	记 述
桃花潭	安徽泾县	在县城西南的陈村和万村之间。潭水清冷皎洁，烟波无际。唐·李白应泾川豪士汪伦之邀到此游历，并留下脍炙人口的《赠汪伦》绝句
紫微泉	安徽巢湖	在县西南王乔山紫微洞内。冬夏不竭。有唐·杜子春等7人贞元二十一年（805）摩崖石刻。《食物本草》卷二云："阮令尝取紫微水以瀹茗，作诗云："紫翠山围小洞天，洞中石下有寒泉。他年谁补《图经》缺，合在康王谷水前。"
笑 泉	安徽巢湖	系天然泉眼，水清甘冽。旧志载：人默无泉声，人笑泉大涌。又名吕仙泉，传为吕洞宾拔剑击地，泉涌
笑 泉	安徽无为	游人喧哗，泉水涌沸，似笑声
锡杖泉*	安徽含山	在太湖山普明禅师塔寺西，戴重《太湖山游记》中有记述
白龙潭	安徽含山	在县西南二十里南十三都之苍山。山势峻拔，上有泉，曰白龙潭，方广不一二丈，水深仅及骭，而淙淙石罅间，来去莫测也。潭旁产茶，香味独异，即以潭水瀹之，乳花凝白，兰气袭芬，真佳品也
香 泉 （香淋泉） （平疴泉） （太子泉）	安徽和县	在城北覆釜山下。泉水四季常温，可治皮肤病和关节炎。南梁昭明太子萧统淋泉治愈疥癣，故名太子泉。北宋元祐五年（1090）知县王大过修建汤池，并建浴院和龙祠
将军井	安徽绩溪	位于城西裕丰仓右。始掘于隋末，后废。明嘉靖二年（1523），知县李帮直见民苦汲，搜获旧井，重建以便民。今井尚存
方家井	安徽旌德	位于隐龙村。称"玉井千家"，掘于明代。清·施润章《方氏义井》诗有"山润长疑雨，千家旧井存"之句
鹿饮泉	安徽旌德	位于县西二十步，汲以烹茗，味极香美。旧传，有白鹿饮此，故名
玉井水	安徽旌德	位于县西五里正山。其水清冷澄澈，宜于烹瀹
八眼井	安徽歙县	位于城内新南路八眼巷。凿于宋初，初名殷公井。井呈圆形，井口直径丈余。井栏四墩八眼，石墩拼成"回"形，井眼呈"∷"形，每边三眼。石墩下有石梁承托，井口中央正方形石板铺盖，可放吊桶。井水清冽甘洁，从未干涸过
白水泉	安徽歙县	在县南1公里。水色如练，流入兴唐寺。唐·李白诗云："天台国清寺，天下称四绝，我来兴唐游，于中更无别……槛外一条溪，几回流岁月？"水味甘馨，异于他处，最宜烹茗

155

（续）

泉水名	地理位置	记　　述
新安江水	安徽徽州	在徽州境内。宋·杨万里诗云："金陵江水只咸腥，敢望新安江水清。皱底玻璃还解动，莹然鄱渌却消醒。泉从山谷无泥气，玉漱花汀作珮声。水记茶经都未识，谪仙句里万年名。"诗末自注："太白云，借问新安江，见底何如此。又云，何谢新安江，千寻见底清。"
滴水泉	安徽休宁	在齐云山石桥岩东。泉水自栏景岩中溢出，时歇时流，点点滴滴，故名。古人有诗云："丹井源无底，瑶浆滴上台。昔时天帝凿，今复世人开。脉收银河细，声飞玉滴来。穿崖分外诏，长得灌灵台。"
飞雨泉	安徽休宁	在齐云山紫霄崖巅。飞泉下注，风吹斜洒入太乙池，溅石跳珠，四时无休。梅鼎祚有诗云："悬崖晴雨飞，横空清吹发，方池湛虚明，恍惚对秋月。"
龙涎泉	安徽休宁	在齐云山石桥岩大龙宫石室内。室内山石皆紫色，独有一青石状若龙形盘旋蜿蜒，头部垂空尺余，水从龙口涓涓流下，故名。明代旅行家徐霞客曾游此泉，以为颇类北雁荡山龙鼻水
珠帘泉	安徽休宁	在齐云山真仙洞府雨君洞上。一股清流由突兀的危崖飞洒列注，在雨君洞口形成一道雨帘，点滴接连，发出抛金击玉般的清幽悦耳音响。明代徐霞客赞曰："珠帘飞洒，奇为第一。"
龙井潭瀑布	安徽休宁	在冯村六股尖。为新安江源头第一瀑。落差300余米，分数层从山顶跌宕而下，似白龙出涧，如雷鸣幽谷，甚为壮观。瀑下碧潭如镜，灌木成荫
双泉井	安徽休宁	位于徽光乡霞塘村。掘建于明万历三十八年（1610）。有两个井口。护栏上刻有"双泉"二大字，"万历庚戌仲冬吉日"、"咸川延陵吴氏□"十五小字。相传，是徽光人金德瑛嫁妹的嫁妆
双口井	安徽休宁	位于县城前街南口。开凿于明崇祯十五年（1642），井圈刻有"崇祯壬午岁孟冬月众修"十字。为县重点文物保护单位
玄武林井	安徽休宁	位于蓝田乡小溪村北，掘建于明万历年间（1573—1620年），井在二山的坞口，土名玄武林，故名

（续）

泉水名	地理位置	记 述
胡公井	安徽黟县	位于县城内儒学前，掘建于明正德年间（1506—1521年）。邑人胡拱辰为孔庙祭祀，需取洁水，遂凿此井，故名。今仍供居民饮用
吴家古井	安徽黟县	位于县城泮邻街。井圈上刻"吴家古井"四字。井口为三眼，又名三眼井
双塘山泉	安徽石台	在县西百五十里。以泉瀹茗，数日不变
双蝾泉	安徽天柱山（潜山）	在天池峰东侧石洞中。相传，明慈禅师住山 40 年，唯苦汲水甚远。明·刘若实游此，内心恻然，偶至庵后，见石罅泽润，掘石尺余，跃出两蝾，泉水汩涌
飞来泉	安徽天柱山	源出飞来峰西麓，经南关口，入飞来涧，汇青龙涧，下琼阳川
铁心泉	安徽天柱山	在天柱峰北铁心泉旁，源于石花崖下，直下乌龙潭
幽涧泉	安徽天柱山	在马祖庵北，源于天书峰下，绕霹雳石，穿莲子洞，出马祖庵，穿滴翠桥，下燕子冲，入黑虎河
九曲泉	安徽天柱山	在茶庄南九曲岭下。深溪百转，泉流高悬，飞珠泄玉，蔚然壮观
梁公泉	安徽天柱山	在天祚宫旁，源于鸡冠石岭东侧
龙井泉（飞龙泉）	安徽天柱山	源于仙人岗东侧，入三井潭
山谷泉*	安徽天柱山	在马祖寺西山谷间
摩围泉	安徽天柱山	在三祖寺大雄宝殿后的达摩崖下。旧志称宋·黄庭坚最爱饮此泉水，自号摩围老人
卓锡泉	安徽天柱山	在三祖寺东卓锡峰下。相传梁武帝时，金陵高僧宝志与白鹤道人斗法，锡杖卓此，泉辄涌出。今甃成井，旱汲不竭
白鹤泉	安徽天柱山	在三祖寺东真源宫遗址前。因年久失修，泉被淹没。1945 年大旱，于宫前涧塘中觅扩水源，掘丈余见残井，清泉辄涌，色味俱佳，取之不尽。重修井墙，并撰《白鹤泉记》存三祖寺。今泉、井具淤
丹霞泉	安徽天柱山	在真源宫后舒王阁下，秋冬多涸。保大中道士寥子冲祷于祠，泉流溢。今废
玉照泉	安徽天柱山	宋·黄庭坚《玉照泉》诗原注："玉照泉与潜山玉照峰对峙，舅氏李公择始坎石碑而名之。"今无考

157

名泉名水泡好茶

（续）

泉水名	地理位置	记　　　　述
飞龙泉	安徽潜山	在万寿宫内。泉如瀑布，味甚甘洌宜茶
聪明泉*	安徽宿松	在鲤鱼山南麓
罗汉泉	安徽宿松	在罗汉荡。水自山溜滴滴石坩中，烹茶注盏，熏蒸有云雾气
杏花村古井	安徽贵池	在城西。古时，横贯十里，遍植杏树，称"十里杏花村"。唐会昌四年（844），诗人杜牧由黄州迁官池州刺史，清明时节游杏花村，酒后吟诵《清明》诗云："清明时节雨纷纷，路上行人欲断魂，借问酒家何处有，牧童遥指杏花村。"旧时，有"十里杏花十里酒肆"，古井为酿酒之泉
神移泉	福建福州	在东山之麓。相传，唐僧守正庵居，去泉颇远。一夕，泉忽移于其侧。明僧唯岳诗云："岩头瀑布泻寒烟，舟底澄清浸月圆。性水真空同法泉，神从何处更移泉。"
灵源洞泉	福建福州	在鼓山。明·徐㷆《灵源洞汲泉煮茗》摩崖观蔡君谟题刻，乃庆历丙戌（1046年）仲秋八日，予亦以是日，溯自蔡君游日，计五百八十余年矣："呼童携茗具，古洞汲寒泉，活火烹林际，团焦坐石边，长空无过鸟，疏树有凉蝉，细读名贤迹，今侵六百年。"
苔泉	福建福州	在北郊。蔡襄守福州日，试茶必于北郊龙腰取水烹茗，无沙石气，手书苔泉二字，立泉侧
义井	福建福州	在社稷坛东里许。有义井二字，大盈尺，相传为蔡襄所书
虎乳泉泉窟观瀑瑞泉丸泉一线泉二相泉	福建泉州	在清源山风景区。泉州，因山多清泉得名。清源山，因源头水清得名。虎乳泉在"第一洞天"附近，泉水从石矶隙缝中流出，注入一尺见方的石池中。相传，曾有乳汁不足的母虎每天带着虎仔到此饮泉，以泉水替代乳汁，故泉名"虎乳"。清源山泉眼不下百孔。知名的还有弥陀岩的"泉窟观瀑"；妙觉岩岩福院的瑞泉；南台岩山门外的丸泉；高土峰右侧的一线泉；上洞下洞之间的二相泉等
洗钵泉	福建永泰	位于葛岭山麓，这里是方广岩风景区，有"闽山福地"之誉。泉流如练，以洗钵泉最著名
白龙井	福建永泰	在方广岩路口。泉色白，味清洌而甘，试茶为第一
梅峰井	福建莆田	在县西北梅山光孝寺。其水甘洌
九仙泉	福建仙游	在何岭。相传为昔九仙飞升之处。宋人有诗云："何岭巍山欲接天，清泉直泻白云边。桃花不点寻常路，从此依稀度九曲。"

158

（续）

泉水名	地理位置	记　　　述
雷劈泉	福建仙游	在县东北八十里寻阳山之巅。相传，泉源因岩石障塞不通。一夕，雷劈成罅，泉流始达，味甘而清，故名
弥峰岩泉	福建仙游	弥峰岩泉水烹茶最佳，能使茶色白而香，气清越
九鲤湖水*	福建仙游	在县东北兴泰里。明·王世懋作有《九里湖记略》
吕峰泉	福建沙县	在吕峰山顶，故名。泉极清澈，甘冽宜烹茗
宝华泉	福建将乐	在天阶山宝华洞内，故名。明督学王世懋有"芙蓉片片滴璃浆"之句，泉出石穴，寒而味冽
甘露泉	福建泰宁	在甘露岩。梁淮诗云："久闻胜地到无由，今日追随雪溉头。石髓香生甘露乳，岩檐影落梵王口。人愁石径苍苔滑，鸟语山岚碧树稠，一缕炉烟飞不到，共谈清话到茶瓯。"
碎玉泉	福建泰宁	在县东宝盖岩
清源泉	福建晋江	在清源山，故名。紫泽洞上下洞之间的泉水，甘洁无比，不下惠山泉
国姓泉	福建晋江	位于白沙村。清顺治三年（1646）郑成功开凿。朝野上下都称郑成功为国姓爷，故名
蟹眼泉*	福建金门	在太武山巅。卢若腾作有《浯州四泉记》
将军泉*	福建金门	在兜鍪山麓石壁间
龙井泉*	福建金门	在龙湖村北
华岩泉*	福建金门	在华岩庵
三叉河水 惠民泉 龙腰石泉 余　泉	福建龙海	水以三叉河为上，惠民泉次之，龙腰石泉又次之，余泉又次之
圣　泉	福建安溪	在驷马山左圣泉岩。茶名于清水（岩），又名于圣泉
帝昺井	福建漳浦	在古雷山下。相传帝昺南奔到此，汲井烹茶，弃茶井边，久而成树，今是地多茶，土人称曰皇帝茶。另太武山也有皇帝井、皇帝茶
东庵井	福建漳浦	在东门外印石山椒，其泉清甘，烹茗为佳
虎　泉	福建漳浦	在虎山南麓，味甘厚而有余香，以器盛之，经年不变，烹茶最胜
大沩泉	福建邵武	在熙春、西塔两山之间。昔有僧大沩卓锡于此，清泉涌出，故名。水味甘冽

（续）

泉水名	地理位置	记　　　述
陆羽泉	福建建欧	宋初杨亿以为伪托。杨亿《建溪十咏·陆羽井》："陆羽不在此，标名慕昔贤。金瓶垂素绠，石甃湛寒泉。"
醴甘泉	福建建瓯	在盖仙山。宋·汪藻有"一派灵源浚已长，色浓如醴味甘香"之句，故名
白鹤泉	福建建瓯	在市东白鹤山，泉以山名
凤凰泉*（龙焙泉）（御泉）	福建建瓯	在凤凰山下，茶堂前，宋咸平（998—1003 年）间，丁谓监茶事于堂，前引二泉，为龙凤池，中为（红云）岛，四面植海棠，晴光掩映，如红云浮其上，今池废而岛犹隐隐可识。凤凰泉，茶焙中，泉甚清洁，上供茶用此濯之
龙井石泉（通仙井）	福建武夷山	御茶场，在武夷二曲之西，即宋希贺堂址，元时创设。大德七年（1303），奉御高久住以其地狭陋，乃相前冈得龙井石泉一泓，甚清冽，辟基建殿于内，以储新贡
语儿泉	福建武夷山	在二曲溪南虎啸岩附近，因泉水之声如小儿牙牙学语而得名。其味甘冽，宜发茶香
定　泉	福建宁德	在县西白鹤山。水深二尺，旱涝不增减。宋·高颐有"此泉源流本曹溪，名之以定实亦宜"之句
珍珠泉 七龙泉 九曲泉	福建福鼎	在太姥山
海眼泉	福建霞浦	在南洪山石洞口。泉出石窍，清澈一泓。洞内有篆书石刻，出于天成，今人不识。宋·韩伯修诗云："壁立东南第一峰，问名知道葛仙翁。丹砂灶逼云头近，玉井泉流海眼通。六字籀文天篆刻，数间洞室石岈嵘。我来整屐层巅上，无数群峰立下风。"
观后井	福建福安	在城内北真庆观后，明崇祯（1628—1644 年）间凿，泉香味甘，为诸井冠，邑人烹茶，多汲于此
桂岩井	福建福安	在坦洋，产茶甚美，由山麓登桂岩，香闻数里，岩下有井泉，清且冽
鹿　井	江西南昌	在府城西南七十里久驻村。井在溪中，天旱溪涸，井乃见。曾有群鹿饮其中，故名

（续）

泉水名	地理位置	记　　　述
洪崖井	江西南昌	洪崖井，在西山翠岩、应圣宫之间。距府城20公里。洪崖，一名伏龙山，乃洪崖先生炼药处。有洞居水中，宸濠尝庢水见底。有五井，各方广四尺许。洞侧瀑布泉，状如玉帘，欧阳修品为第八泉
瀑布泉	江西南昌	
圣　井	江西进贤	在县南姑山麻姑观之东
谷帘泉 *	江西庐山	在康王谷，……有水帘飞泉被岩而下者，二三十派，其高不计，其广七十余丈。张又新《煎茶水记》云：庐山康王谷水帘水第一
玉帘泉	江西庐山	出石镜峰下。相传迷失草间，辟之者，归宗（寺）僧蠡云也。旁建小阁曰"观泉"
招隐泉 （玉渊泉） （陆羽泉） （第六泉）	江西庐山	栖贤桥侧有招隐泉，其下有石桥潭，水出石龙首中，泻下三峡涧，汇为巨潭。张又新《煎茶水记》云：庐山招贤寺下方桥潭水第六
云液泉	江西庐山	在谷帘泉侧，山多云母，其液也，洪纤如指，清冽甘寒，远出谷帘之上
一滴泉	江西庐山	在观音岩南有马尾水崖一滴泉
三叠泉 * （三级泉） （水帘泉）	江西庐山	在九叠谷内。宋·张世南《三叠泉、中泠泉和玉乳泉》中有记述
聪明泉	江西庐山	位于东林寺内。以东林寺高僧慧远称赞荆州刺史殷仲堪"君之才辨，如此泉涌"而得名。泉池下有碑刻"聪明泉"和皮日休聪明泉诗
玉壶泉	江西彭泽	在县南40里石壁山下玉壶洞，故名
黄浆泉	江西彭泽	在县东南40里黄浆山，故名。宋代黄鹏举诗云："清泉澈底莹无泥，唤作黄浆恐未宜，若见洞仙还寄语，佳名当唤碧玻璃。"
瀑布泉	江西星子	在县西十五里匡庐山开先寺侧。桑乔山有《瀑布泉疏》
神　泉	江西九江	在南二十五里锦绣峰下
双　井	江西修水	有二：一在宁州西南三里。黄庭坚所居之南溪心有二井，土人汲以造茶，绝胜他处。庭坚有送双井茶与苏轼诗。又州南30步，掘二井以制火灾，亦名双井
菖蒲潭	江西武宁	在县东四十里。相传靖公品茶于此

161

（续）

泉水名	地理位置	记　　　　　述
醴　泉	江西新余	在县西三十里芝阳新店上。宋崇宁间，太史黄庭坚到此，饮而甘之，曰：自双井以来数十泉，皆不及此清冽，惜张又新、陆鸿渐未及知也。因题其旁石柱曰醴泉
狮子井	江西赣州	在府治前通衢左右
廉　泉	江西赣州	在光孝寺。相传，古代赣州府有一太守廉洁奉公而扬名。一夜，雷电交加后，有清泉从地涌出，好事者名曰"廉泉"
灵泉井	江西赣州	在府治东坊江东庙前。烹茶味佳，兼可愈疾
焦溪水	江西南康	在县西三十五里。源出锅坑，流至浮石，入章江。苏轼诗："蕉溪闲试雨前茶。"
龟泉井	江西大余	在县西宝界寺内。掘井及泉，下有石龟，泉从龟双目中出
犹石嶂泉	江西上犹	明万历邑人因严建寺岩中，泉水甘洁，四时不涸，瀹茗，茗更佳，拭目，目倍明云
白云泉	江西崇义	在县西门外白云山下。清冽可瀹茗
九龙泉（龙泉）	江西安远	在县东南龙泉山。清·涂方略诗："龙泉水烹龙嶂茶，何其此际断津涯。更深月上难成寐，古寺钟声带漏挝。"九龙嶂山茶与九龙泉为安远之双绝
龙　潭	江西龙南	在坊内堡，离城八里许，松梓山下有泉名龙潭味甘冽，土人恒秤泉，较他水更重
桃花绝品	江西兴国	在厚岭山。崖谷峻深，山北有峰，名桃花尖，石泉甘冽，里人用以造茶，称桃花绝品
陆公泉	江西瑞金	在市西南东明观前。宋代瑞金县令陆蕴，与弟藻同游此，烹泉瀹茗。邑人遂以陆公名泉
啸溪庵井	江西石城	在城南六十余里啸溪庵。庵门一井如镜，澄澈味香甘，乡人造酒、烹茗，多往取之
宜春泉	江西宜春	在县治侧。故名
磐石泉	江西宜春	在袁江江心。有石如坪，大可 5 尺，平坦可憩，游者至此，酌水，用以烹茗为乐
孝感泉*	江西丰城	在县南八十里道人山
虎跑泉	江西宜丰	在四十都黄檗寺。旧传，有虎跑地出泉，故名
茗香泉*	江西樟树市	在桂竹峡。清·刘瑞芬作有《茗香泉记》

（续）

泉水名	地理位置	记　　述
陆羽泉* （陆子泉） （燕支井） （胭脂井）	江西上饶	在城西北三里广教僧舍。有茶丛生数亩相传唐·陆羽所种，因号茶山。泉发砌下，甚乳而甘，亦以陆子名
宫　井 （义井）	江西上饶	在府城阛阓坊。又名义井。宋嘉泰（1201—1204 年）间义门郑安寿修，明万历癸巳（1593 年）翁元勋等再浚九井，在高泉院内，四时不竭。今只存佛殿前一井，寺僧架辘轳于其上，取以烹茗
一滴泉	江西上饶	在城西南南岩石穴中。朱熹诗云："南岩兜率镜，形胜自天生。崖前雨槛下，山云后殿生。泉堪清病目，井可濯尘缨。五级峰顶立，何须步玉京。"
化雨泉	江西上饶	在府城钟灵讲院内，泉味甘冽
万寿泉	江西弋阳	在县城北稍东。唐·陆羽尝之，以为信州第三泉
市　湖	江西余干	在县治前。中有越水，风日清明，如镜如练，不与众水相混。唐·陆羽取以烹茶，谓味似镜湖水也
乌龙井	江西德兴	在县东兴宝坊。其水澄泓，四时不竭
丹　井	江西德兴	在县东妙元观。相传葛仙翁炼丹处
廉　泉	江西婺源	在紫阳东门外旧城墙下。南宋绍兴二十年（1150），朱熹与门人漫游至此，小憩畅饮后，感泉水凉冽，甘醇可口，挥笔题名"廉泉"，并立碑于旁
廖公泉	江西婺源	在城西查公山。北宋初，县令廖平和弃官后隐居于此的南唐宣歙观察使查文徽，修德讲学之余，常临泉烹茶论道，后人遂在泉上方刻石名为"廖公泉"
洗心泉	江西婺源	在县西南福山书院前。为异僧卓锡寓居此地时凿岩石而开。相传，饮后愚者变聪敏，浑者可清醒，恶者能从善。北宋崇宁（1102～1106）胡侃有诗云："岩根石溜自涓涓，一见尘劳顿洒然，惟有开山老尊宿，无心可洗亦无泉。"
彰公山 悬瀑	江西婺源	在县北边境彰公山。溪流从海拔 800 米的峭壁泻下，形成落差 200 米的悬瀑，宛如白龙破云而出，又似万珠凌空倾泻，跌落深潭，卷腾迷雾，身临其境，飘然欲仙
龙泉井	江西婺源	位于城西南中云村后门塘
虹　井*	江西婺源	位于县城南门朱熹故居内。朱熹出世时，井中紫气如云。故立"虹井"碑。现仅存遗址

163

（续）

泉水名	地理位置	记　　　述
府治泉	江西吉安	泉自旧府治垣壁中石隙流出。其源来自安福（按：泸水自西向东，流经安福县、吉安县，汇入赣江），味极甘美，宜于烹渝，为郡中第一泉
雷公井*	江西吉安	在东固山
东坡井*	江西泰和	在府治南
六八泉*（玉溪泉）（九龙潭）	江西泰和	在县西五十里传担山。山极高峻，非攀援不可度。西南有石笋峰，尤峭拔，下有九龙潭，又名玉溪泉，凡四十八窍，至岩前合为一，因名六八泉，产茶，味极香美
西龙泉	江西遂川	在县西十五里官坑。泉自山巅流下，烹茶味佳
嶂头山泉（流水嶂头）	江西遂川	在嶂头山。山形如嶂头，时有赤光照人，有上中下三洞，洞中水流清泚，俗云流水嶂头。好烹茶，啜味长
蜜溪潭	江西万安	在鹅公嶂。潭流清洌甘美，乡人取以渝茗
聪明泉	江西永新	在义山。宋·刘沅诗云："义山之下有灵泉，泉号聪明自古传。四百年中三相出，不才何幸继前贤。"
安息泉	江西井冈山市	在州东北十里安息堡后，山涧中流出，盛夏汲以煎茶，其味越宿不变
醒泉*	江西临川	在正觉寺。李卓吾作《正觉寺醒泉铭》
冷泉（月泉）	江西临川	在青莲山南二里许。山麓有石，阔可丈余，坎内出泉，冬夏不竭，一名月泉，取以烹茶，清美异常
石狮泉	江西临川	石狮山，在城南八十里。孤石雄峙，中通两孔如睛，爪牙伸缩，俨若狮踞，石磴险仅容足，既登，坦平如掌。石泉清洌，涓涓不绝。烹茶时，间有云鹤幽鸟徘徊下翔，挥之不去
日来泉（崇仁泉）	江西崇仁	在崇仁山，故名。宋·吴曾诗云："有泉曰日来，但觉声涓涓，萦纡若蛇走，往往山腹田。"
冷水井	江西南丰	在七都冷水坑。水最甘洌，其冷如冰，汲以酿酒烹茶，胜于他泉
月窦泉	江西金溪	在翠云山。有岩洞正圆如月，泉出其中，味特甘美。南宋·陆九韶有诗云："玉兔爱作泉，饮之化为石。规圆立山趾，万古终不息。"
跃马泉鸣玉泉试茗泉*	江西金溪	翠云山在县南一都，距城四里，两山对峙，一径洞开，曰翠云关，中有跃马泉、鸣玉泉、试茗泉

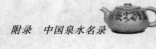

（续）

泉水名	地理位置	记　　　　述
庵泉井	江西广昌	在川坛侧。水冷而甘，尤宜煮茗
趵突泉*	山东济南	济南旧城区一带，泉眼众多，涌流不竭，水质明净甘冽，极为奇特。金代有人立"名泉碑"，列名泉七十有二，济南遂有"泉城"之誉。可划分为趵突泉、黑虎泉、珍珠泉、五龙潭四大泉群。趵突泉在市西门桥南，为古泺水发源地，一名瀑泉，一名槛泉，宋代始称趵突泉。水质清醇甘冽，为七十二泉之冠，用以烹茗，尤发茶香。满井泉、金线泉、卧牛泉、皇华泉、柳絮泉、漱玉泉、老金线泉、尚志泉、螺丝泉、浅井泉、马跑泉、洗钵泉、白云泉、望水泉、东高泉、对康泉、饮虎泉、道村泉、白龙湾泉、围屏泉、登州泉、花墙子泉、杜康泉、青龙泉、混沙泉、灰池泉、北漱玉泉、和趵突泉等28泉品及5处无名泉共同组成趵突泉群
黑虎泉	山东济南	在黑虎泉东路，泉由三石虎头汹涌喷出，如虎长啸，故名。琵琶泉、金虎泉、汇波泉、溪中泉、玛瑙泉、九女泉、白石泉、南珍珠泉、任泉、苗家泉、胤嗣泉、对波泉和黑虎泉等13泉品及1处无名泉共同组成黑虎泉群
珍珠泉	山东济南	在泉城路北。泉从地下上腾，散如珍珠错落，故名。溪亭泉、楚泉、散水泉、南芙蓉泉、朱砂泉、濯缨泉、太乙泉、小王府池、腾蛟泉和珍珠泉等10泉品及20处无名泉共同组成珍珠泉群
五龙潭	山东济南	在旧城西门外，由五处泉水汇集成潭，故名。古温泉、月牙泉、悬清泉、醴泉、江家池、静水泉、回马泉、洗心泉、北洗钵泉、东流泉、西密脂泉、五龙泉、天镜泉、东密脂泉、滦泉、裕宏泉、显明池、七十三泉和五龙潭等19泉品和3处无名泉，共同组成五龙潭泉群
白石泉	山东济南	在旧城东南隅。为济南七十二泉之一。泉水之上原有金山小刹。清·黄景仁《泉上》所写为白石泉
杜康泉	山东济南	在城外。《遗山集》卷三十四："杜康泉今湮没，土人有指其处，泉在舜祠西庑下，云杜康曾以此泉酿酒。……以之瀹茗，不减陆羽所第诸水云。"
神水泉	山东青岛	在崂山太清宫三清殿前。相传是太上老君诞生之日，由九龙喷吐的圣洁神水，故名
金液泉	山东青岛	在崂山华楼峰碧落岩。旧传，为道家炼仙丹之液，积年久疾，一饮而愈

（续）

泉水名	地理位置	记　述
天液泉	山东青岛	在崂山翠屏岩。相传，是天上神仙送给人间的玉液琼浆
百脉泉	山东寿光	
孝妇泉	山东寿光	在颜源镇
柳　泉	山东淄博	在淄川区蒲家庄东山谷中，绿树成荫，泉流谷底，蒲松龄曾在此设茶待客，搜集《聊斋志异》的创作素材，并自号"柳泉居士"
灵　泉	山东淄博	位于博山区凤凰山南麓西神头村的颜文姜祠内
范公泉	山东青州	在龙兴僧舍西南洋溪中。当地人思念范文正公之德，故名
熏冶泉	山东临朐	位于冶源镇
逢山泉	山东临朐	在县西逢山岩窦间，泉以山名
雩　泉	山东诸城	在市南常山之崖。相传，苏轼为登州守，因县大旱为祷，验而泉出，遂作亭其上，命名为雩泉
泗水泉	山东泗水	在城东五十里的陪尾山麓。《读史方舆纪要》称为"山东诸泉之冠"，以"名泉七十二，大泉十八，小泉多如牛毛"称著，有"泗水泉林"之誉。清康乾时，为泉林最辉煌的时期。泉林附近有行宫和多处园林建筑
盗　泉	山东泗水	《尸子》："[孔子]过于盗泉，渴矣而不饮，恶其名也。"后以"不饮盗泉"比喻为人正直廉洁
玉女泉（圣水池）	山东泰山	在岳顶之上，水甘美，四时不竭
白鹤泉	山东泰山	在升元观后，水洌而美
王母池（瑶池）	山东泰山	在泰山之下，水极清，味甘美
白龙池	山东泰山	在岳西南，其出为漆河
天神泉	山东泰山	悬流如练
醴　泉	山东泰山	天书观旁
楼儿井	山东高唐	在县城内西南隅。水极清甘，夏月久贮不败
卧龙泉	山东莒县	位于城西浮来山
黄河水		明·许次纾《茶疏》："今时品水，必首惠泉。甘鲜膏腴，至足贵也。往日渡黄河，始忧其浊，舟人以法澄过，饮而甘之，尤宜煮茶，不下惠泉。黄河之水，来自天上，浊者土色也，澄之既净，香味自发。"

（续）

泉水名	地理位置	记　　　述
甘露泉	河南偃师	在县东南，莹澈如练，饮之若饴。又缑山浮丘冢建祠于庭下，出一泉，澄澈甘美，病者饮之即愈，名浮丘灵泉
浮丘灵泉		
滴乳泉	河南林州市	在天平山。山势平坦，泉水沿石而下，若滴乳状，故名
莹玉泉	河南林州市	在县西南玉泉山。泉洁如玉，味甘如饴，烹茗甚宜
珍珠泉	河南安阳	位于城西20里的水冶镇西。泉有8眼，又称"珍珠泉群"。有3个主泉眼，三泉周围有九条土岭，宛如九龙相依，有"九龙三泉"之称，遂名卧龙泉。泉池边有二古柏干在地面上四尺处合抱，犹如一低矮门洞。以珍珠泉群与柏树门洞为特征，与附近的自然、人文景观，构成安阳八景之首—"柏门珠沼"。
小南海泉	河南安阳	位于县西南五十里。山泉汇为一湖，以"海"称之
玉　泉 （玉川井）	河南济源	在县东一里，泷水北。唐·卢仝（号玉川子）曾在此汲泉煮茶
百　泉	河南辉县	位于城西北苏门山麓。泉区泉眼众多，著名的有珍珠泉、搠立泉、涌金泉、溃玉泉、……故称"百泉"。泉水下注卫水，故又称"卫源"。1976年建百泉碑廊，展示历代碑刻350多块
甘苦泉	河南焦作	在太行山南麓。有一对并列的泉眼，相距仅尺，流出的泉水，一甜一苦
香水泉	河南睢县	在县南。泉水不仅清冽甘美，还有馥郁醇厚的槐花香，人称槐香水
淮水源	河南泌阳	张又新《煎茶水记》："唐州柏岩县淮水源第九。"
三仙矼	河南信阳	在城西南五十里仙石畈。张培金有诗："两山之中夹平石，石山流泉水色碧，连生三窍圆而坚，口大如瓮深百尺，桃花红映千矼春，第一烹茶味更醇，可惜品题无陆羽，年年只好待游人。"
卓刀泉	湖北武昌	在武昌东南伏虎山麓卓刀泉庙前院。相传东汉末年关羽曾率兵扎营于此，以刀卓地，清泉涌出。故以"卓刀"之名。泉水深约1米，呈淡碧色，冬温夏冽，味甘如醴。庙因泉而建，由泉得名
乌龙泉	湖北武昌	在县南七十里

167

（续）

泉水名	地理位置	记　　　述
黄龙山泉	湖北武昌	在县南一百四十五里。秀峰盘纡，泉石甚美，山巅常栖云雾，可占晴雨。产茶，名云雾茶
九峰山泉	湖北武昌	在县东五十里。山环如城，列峰九。楚藩命茶、盐二商出金建寺，洪武（1368—1398年）末敕建正觉禅林额，松柏苍蔚，清泉泠泠，出于井，烹本山茶，不啻惠山泉味
除夕泉	湖北武昌	在县南九十里湖东新市铺左峡山口中。水甚清妙，瀹茗有异香
茗山泉	湖北大冶	在梅山之南十里，有二峰，是为大茗、小茗，绝巘插天，清泉澄澈，宜瀹茗
菩萨泉* 涵息泉 滴滴泉 活水泉	湖北鄂州	在市西五里西山，古称"樊山"。西山多泉，如涵息，滴滴、活水、菩萨等，以菩萨泉最著名
惠　泉	湖北荆门	宋·勾龙纬《题惠泉寄知军郎中》："当时竟陵翁，老死却不历。品第十九泉，遗此泉可惜。此良惠此土，唯日流不息。作诗颂惠泉，勉哉君子德。"
麻姑仙洞泉	湖北麻城	洞在仙居山之腹，山半为静月寺，由寺左坡陀而升，过一亭过上，始至洞，悬石支架中空，如屋底，一池时有神鱼游泳其中，泉水清冽，灵乳时滴，用以瀹茗，不减惠山
白龙泉 黑龙井	湖北麻城	位于城东南龟峰山风景名胜区
陆羽泉* （第三泉）	湖北浠水	在旧治东1公里凤栖山。唐·张又新《煎茶水记》："蕲州兰溪石下水第三。"
玉女泉 （温泉）	湖北应城	在市境京山下。俗称汤池
咸宁温泉	湖北咸宁	在温泉镇。水温50℃左右，水质透明，无色无味，可浴可饮
桃花泉* （桃花绝品）	湖北咸宁	在县东南六十里桃花尖山。清·章列侯有《桃花碛记》
蜜　泉	湖北嘉鱼	在县南，其水甘如蜜，故名
黄鹰峰古井	湖北崇阳	在荼蘼山南黄鹰峰。顺治间（1644—1661），僧开古井

（续）

泉水名	地理位置	记　　　述
万石湾水	湖北石首	在楚望山麓。万石峭立，水流湍急，故名。邑人王季清、曾退如偕友人袁中郎游其处，汲水煮茶，其味隽永，云不减三峡
苦竹泉*	湖北松滋	在县南苦竹寺
文学泉*（陆子井）（三眼井）	湖北天门	在城北门外
西江水*	湖北天门	西江水在县境西，襄江一派，从城下过，通云社泉，约数十道云。唐·陆羽《六羡歌》有"千羡万羡西江水，曾向竟陵城下来"之句
陆游泉（三游洞潭水）	湖北宜昌	在西陵峡中西陵山腰。泉池呈正方形，边长5尺，泉水清澈如镜，甘醇凉爽，素有"神水"之誉。陆游于乾道六年（1170）游三游洞，汲泉煎茶，留有"汲取满瓶牛乳白……不是名泉不合尝"诗句，故名
蛤蟆泉*	湖北宜昌	在县西五十里扇子峡。蛤蟆泉，在蛤蟆培，石大数丈，形如蛤蟆。宋·黄庭坚《黔南道中记》、陆游《入蜀记》均有记载
玉泉	湖北当阳	在县西三十里玉泉山。玉泉寺东石钟峡下有乳窟，水边茗草罗生，叶如碧玉，名仙人掌茶。李白有"茗生此中石，玉泉流不歇"诗句。玉泉山、玉泉寺，以泉名为山名寺名。玉泉与仙人掌茶，双绝也
珍珠潭	湖北兴山	位于昭君故里附近的回水沱。相传，昭君依恋乡土，临潭涤妆，将头上戴的颗颗珍珠撒抛潭中，故名。清人乔守中有"明妃留胜迹，此地涤新妆"诗句
楠木井	湖北兴山	位于宝坪村。井旁有楠木古树，故名。相传，为昭君当年汲水处，又名"昭君宝井"
照面井*	湖北秭归	位于屈原故里香炉坪东侧的伏虎山西麓
香溪（昭君溪）	湖北秭归	陆游《入蜀记》（乾道六年七月）："十五日，……过白狗峡，泊舟兴山口，肩舆谒玉虚洞，去江岸五里许，隔一溪，所谓香溪也。源出昭君村，水味美，录于《水品》，色碧如黛。"
玉洞灵泉	湖北秭归	归州八景……玉洞灵泉，州东二十里。唐天宝五年（746），猎者得之。石壁峭空，洞门宏敞，钟乳下滴，三伏时凛若九秋。唐·张又新《煎茶水记》云：归州玉虚洞下香溪水第十四

169

（续）

泉水名	地理位置	记　　　述
三峡水		三峡，西起奉节县白帝城，东止宜昌南津关。《食物本草》："三峡水，味美宜享，而上峡者为第一，中峡下峡俱次之。昔人以为上峡水茗浮盏面；下峡水茗沉盏底；中峡水不浮不沉，界乎其中，试之果然。"
鹤峰七井	湖北鹤峰	容美贡茗，遍地生殖，惟署后几株所产最佳。署前有七井，相去半里许，汲一井而诸井皆动，其水清冽，甘美异常
潮　泉	湖北神农架	位于茅湖山。潮泉每天早、中、晚三次涌落，每次持续半小时。相传，为明末清初农民起义将领李来亨发现
白鹤泉	湖南长沙	在岳麓山古麓山寺后。泉出岩石中，仅一勺许，最甘冽，冬夏不竭。尝有白鹤飞止其上，故名
白沙井	湖南长沙	在天心阁下白沙街东隅，历史悠久，被誉为长沙第一井。井广仅尺许，最甘冽，汲之不竭
白茅尖山泉	湖南浏阳	县西九十里，界醴陵，其上一窝，有第一峰三字碑，中断，下数十丈有庵，庵后，泉甚甘冽，产茶亦异他山
茶　溪	湖南醴陵	在县西四十里茶坑黛柏冲，石壁峭立，上有飞白书"茶溪"二字，径数尺
醴　泉*	湖南醴陵	县北有陵，陵上有井，涌泉如醴，因以名县
醲醹泉	湖南醴陵	在县西五里味甚香
碧　泉	湖南湘潭	距（湘）潭西七十里，有泉曰碧
真应泉	湖南湘潭	清·许沧《题真应泉》："陆翁何曾尽品题，烹茶合在画桥西（泉在燕子桥西），波心夜月清如许，隐映成根水一堤。"
卓锡泉	湖南衡山	在福严寺。宋·宋祁《二泉记》："……因名二泉，曰卓锡曰虎跑……凡瀹者、烹者、饪者、茗者取焉，香以甘故也。"
虎跑泉	湖南衡山	
峰　泉	湖南衡山	在衡山。岳顶茶特丰，谷雨前焙之，煮以峰泉，甘香不减顾渚（紫笋）
鸳鸯泉	湖南洞口	在桐山乡。二泉并列，间距近丈，温泉40℃冷泉不到20℃
溷湖井	湖南岳阳	在县南溷湖寺侧。《风土记》井水煎白鹤山茶，汽成白鹤飞舞

（续）

泉水名	地理位置	记　　述
柳毅井	湖南岳阳	明·谭元春《汲君山柳毅井水试茶于岳阳楼下》："湖中山一点，山上复清泉。泉熟湖光定，瓯香明月天。临湖不饮湖，爱汲柳家井。茶照上楼人，君山破湖影。不风亦不云，静瓷擎月色。巴丘夜望深，终古涵消息。"
崔婆井	湖南常德	在城西三十里。相传，宋时有道士张虚白常饮酒，姥崔氏不责以偿，经年无厌，乃问所欲。答以江水远，不便于汲，道士遂指舍旁隙地堪为掘井，不数尺，得泉甘冽，异于常水
莱公泉	湖南常德	在县北六十里甘泉寺中。泉味清美，最宜渝茗，林篁四抱，境亦幽胜
圆　泉	湖南郴州	在州南十五里。唐·张又新《煎茶水记》云：郴州圆泉水第十八。郴阳八景之一曰圆泉香雪。圆泉在州西南永庆寺即又名浮休泉；圆泉在州南二十里会胜寺即又名蒙泉。备考。另：光绪二十一年（1895）广西《马平（即今柳江）县志》云：小龙潭，在立鱼岩下，陆鸿渐《茶经》名为圆泉。按：圆泉当在郴州
浮休泉		
蒙　泉		
四井泉	湖南郴州	在五云观帅家湾东门。五云观在城北龙潭之下
陆羽泉	湖南郴州	宋·张舜民《郴州》诗："枯井苏仙宅，茶经陆羽泉。"
香　泉	湖南郴州	宋·阮阅《郴江百咏·香泉》："僧舍灵源静不流，只供斋钵与茶瓯。"
愈　泉	湖南郴州	在城中。泉水清冷甘美，有患疾者，饮之立愈，故名
碧云泉	湖南桂阳	在州治圃中。水极甘冽，宜茗
潮　泉	湖南桂阳	位于城南荷叶乡塘化境内。潮泉水，可烹茶
玉液灵泉	湖南临武	在舜峰麓黄门庄，悬溜峭壁，行人憩其下，暑渴便之，煮茗益佳
九曲池水	湖南汝城	连珠岩即灵洞山，在县东5公里。内有岩洞，九曲池水清味甘，可以濯缨、渝茗
甘　泉	湖南桂东	在新坊覆钟山下，离城17.5公里。泉自石中溢出，冬温夏寒，四时不涸，色清洁，汲以煮茗，味最甘
珠帘泉	湖南桂东	珠帘泉，味甘，酿酒、烹茗有异香
金　泉	湖南宁远	金泉庵在县南10公里永乐山下，有水名金泉，清洁而味甘……徐旭旦记曰：寺枕永乐山之麓，山有泉，由暗洞达香积厨下，其水清冽，其味甘。虽方广不满五尺，而流沙耀金，静影池碧，寺以故得名……又金泉试茗，为八景之一

（续）

泉水名	地理位置	记　　　述
圣人山泉	湖南溆浦	圣人山，县北 60 公里。宣阳江水出焉……水泉，味峻厉，使陆羽品之，未知堪入《茶经》否也？
龙　井	湖南芷江	龙井在州城外，泉味甘美，煮茗尤佳
茶水井	湖南芷江	茶水井在县东 60 公里，水味甘，烹茗极香美
大四方井	湖南芷江	大四方井，在城内东北隅督学试院东辕门。泉极清，瀹茗香味不改
菊花井	湖南芷江	在县南 9 公里，泉清冽，可以瀹茗
间歇泉	湖南张家界	在温塘乡虾溪边。突喷时，泉池水上涨 1 米，3 分钟后回落
桂英山溪水	湖南龙山	桂英山在县东北 25 公里，多桂树，山下一溪环抱，水甘冽，居民取以烹茶
九龙泉（安期井）濂泉玉虹池虎跑泉	广东广州	在市北白云山。山多有汩汩泉水，有名的：九龙泉、濂泉、玉虹池、虎跑泉……白云寺前九龙泉井，有"九龙泉井"壁刻。《番禺记》："初，安期生隐此乏水，忽有九童子见，须臾泉涌。"
鸡汤泉	广东广州	市北郊钟落潭东北侧的旗岭山下。泉水清鲜，民间称为神水、圣水、鸡汤水。经化验证明：鸡汤泉为世界稀有的标准淡味矿泉水，水质透明、无色、无嗅、无味，理化、卫生指标优良
清　泉（越王井）（九眼井）	广东广州	在越秀山下，广东省科学馆内，是市内现存最古老的井泉，清泉街由泉得名。相传开凿于南越王赵佗年代，又名越王井。五代时为南汉王室占有，专供宫廷内饮水。宋时，对居民开放，汲者络绎不绝。井栏凿有九孔，可九人同汲，又叫九眼井
贪　泉*（石门水）	广东广州	在广州西北二十里石门山
从化温泉	广东从化	位于市西北。清代县志有"其水温热"的记载。1931 年岭南大学冼玉清撰文介绍温泉后，才开发利用。水温 30～40℃，品质优良，可浴可饮
芒芒髻山泉	广东龙门	芒芒髻山，在左潭山，巅有岩，岩有泉，隆冬不涸。产茶甚佳，名化饭茶

172

（续）

泉水名	地理位置	记 述
学士泉（鸡爬井）	广东番禺	天顺中，学士黄谏谪广州，品其水为南岭第一……学士泉烹茶，味最美，经昼夜色且不变，宜居第一。原名鸡爬井，后更名
越王井	广东番禺	在天井冈下。井深百余尺，相传为南越王赵佗所凿，故名。诸井咸卤，唯此井甘泉，可以煮茶
越台井（玉龙井）	广东番禺	在山西歌舞冈。相传为汉·赵佗所凿。有赵佗登山饮酒，投杯于井，浮出石门，舟人得之的故事。宋代番禺令丁伯桂伐石开九窍，以覆其上
丫髻山泉	广东佛冈	在城西四十八里丫髻山，泉以山名。有石壁峭立，窦中出泉，性清冷，盛夏汲以烹茶，可解炎热。其旁诸山产茶，味清
卓锡泉	广东南雄	在大庾岭东北。相传六祖以杖点石而泉出，味甚甘冽。宋·张士逊诗云："灵踪遗几载，卓锡在高岑。妙法归何地，清泉流至今。"
卓锡泉	广东乐昌	在市西45公里蔚岭，称蔚岭泉。山高入云，泉在其巅，世传六祖从黄梅归，卓锡而泉出，味极甘冽
蕨岭山泉	广东英德	在蕨岭山麓。泉水由山坑涌出，此水沸时，加以茶叶，仍无色味，亦水性奇也
八 泉	广东翁源	在县东百五十里翁山之顶。泉有八穴：曰涌、甘、温、香、震、龙、玉、乳，皆为美泉，甘冽异常，宜于烹茗
黄杨山泉	广东珠海	在香州黄梁都黄杨山。两水夹流，瀑布百丈，下为龙潭，渊深莫测。山出茶，以本山泉烹之尤佳
扣石泉（卓锡泉）	广东潮阳	在县西二十五里灵山。相传，唐僧大颠结庵于此，以杖扣石而出泉，亦卓锡泉也。味甘冽异于他水
灵汇甘泉	广东普宁	泉甘而冽……就泉煮茗，最为清胜
西樵山泉	广东南海	西樵山在市西南，面积14平方千米，有72峰，36洞、28瀑、207泉之胜，有"泉山"之称
螺顶山井泉	广东新会	螺顶山，右出为蛇头岭……山麓有西竺庵，庵左有井泉，最宜茶
茶庵井	广东新会	宝鸭山，有茶庵井，水最宜茶
甘 泉	广东阳江	有甘泉，在旧县治南，瀹茶酿酒，滋味异常
莱公泉	广东雷州市	在县西馆中。寇莱公［寇准（961—1023）］以司户谪官民居此，喜饮此泉而得名

173

（续）

泉水名	地理位置	记　　述
思乾井	广东茂名	在市东0.5公里。潘真人炼丹之水，味甚香美，煎茶试之，与诸水异，高力士曾取其水充贡
琉璃泉	广东化州	琉璃山，在州西大路旁。明州守赵士锦建庵其山，名琉璃庵，有泉名琉璃泉，出名茶
曾氏忠老泉*	广东梅县	
鳄湖（鳄潭）	广东惠阳	鳄湖，在丰山前。湖小而深，亦曰鳄潭，涨决通湖，惟此不涸，水最宜茶
龙塘泉	广东惠阳	在郡城南沙子步。水最宜茶
锡杖泉*	广东博罗	在县西北25公里罗浮山小石楼下
莲花庵泉	广东海丰	在莲花峰顶
灵源泉	广西武鸣	为一处典型的大型岩溶暗河泉群。泉水汇潴成一个长300余米，宽50～200米不等的灵源湖。为煮茗、饮用的优质水源
渭　泉	广西武鸣	在黄肖村西南，烹茶最甘，久不变味，可供一村之汲
小龙潭	广西柳江	在立鱼岩下
安息泉	广西桂林	在州东北十里安息堡，盛夏汲泉煎茶，其味越宿不变
滴玉泉	广西桂林	在龙隐岩。宋·方信孺有"春波饱微绿，斗柄涵空明，乳泉助茗碗，中有冰雪清"之句
喊水泉	广西兴安	在白石乡蒋家屯村外，有三个泉口，流量2分钟大，3分钟小，鸣锣、叫喊不能改变"2大3小"的节奏
冰　井	广西梧州	在广西梧州第二中学内，源出大云山中，晶莹甘冽。若汲之烹茶，则精茗蕴香，借此而发。井东有唐代容管经略使元结所作的《冰井铭》："火山无火，冰井无冰。唯此清泉，甘寒可汲。铸金磨石，篆刻此铭。置之泉上，彰厥后生。"
社留名山泉	广西宾阳	在州南八十里。山半有石穴，水泉喷出，悬崖飞瀑，为社留江之源，产茶甚佳，村人利之
子午山泉	广西上林	子午山在里民墟南，状如银锭，山麓山泉九派，旱不竭，潦不溢，烹茶，其味最佳
承裕泉	广西灵川	县北二十里唐家铺。色如碧玉，甘冽异常。昔为唐承裕宅。五代时，唐承裕自中原避地于此，后人仕于宋，泉因人名
社公井	广西荔浦	在官潭上石壁脚，其泉从石罅流出，冬温夏清，烹茶，味鲜美

174

（续）

泉水名	地理位置	记　　述
佛岩泉	广西恭城	佛岩在县北九十里，岩有石笋一条，其下笋头微出清泉，山僧以器盛之，烹茗极佳，宋进士田开读书处
注玉泉	广西藤县	在县西南。泉色如玉，味极甘美。元·余观诗云："云南昆山液，月浸蓝田英，临风咽沆瀣，满腹珠玑鸣。"
桂山泉	广西藤县	在县二里。色莹洁而味甘寒。古诗云："明蟾窥玉甃，老兔遗香酥，化为银河水，一口炎海枯。"
石　泉	广西昭平	在宁化里黄姚南。水从石缝中流出，清冽可烹茗，埠人皆取汲于此。乾隆（1736—1795 年）间，街民分其泉为内外二池
犀　泉	广西富川	泉池深 3.4 米，长 10 米，宽 2.4 米。人们在泉边呼叫，泉水即应声而涌
西山泉 （乳泉）	广西桂平	西山一名思灵山，有乳泉，泉清冽如杭州龙井，而甘美过之，时有汁喷出，白如乳，故名乳泉，架竹引泉，沿崖种树，可□可茗……西山茶，出西山棋盘石乳泉井右观音岩下，低株散植，绿叶铺芽，根吸石髓，叶映朝暾，故味甘腴而气芳芬，炎天暑溽，避地禅房，取乳泉水煮之，扑去俗尘三斗，杭湖龙井未能逮也
石牛岭 井泉	广西平南	石牛岭下有井泉，清冽，烹茶最佳
灵液泉	广西容县	大容山，县西北二十五里，东面有灵液泉，下下砢溪，即九十九涧之一，泉水甘冽异常，数百人饮之不竭，岩名灵液，以此岩在山第二层铅宝洼内，深约二丈，广倍之。邑人覃武保记之云：吾县两名山，大容、都桥，南北对峙，而大容龙为岭表群山之祖，以对都峤者，其泉尤烈，亙寒不冰，用以烹茶，极甘烈
不明泉	广西陆川	在城东北十里东震山麓修竹庵旁。其水烹茶最佳
绿珠井	广西博白	在双甪山。相传梁氏女绿珠生于此，泉以人名。明代时，井尚清冽，汲饮者颜色秀美，其后亦丽容
大龙潭	广西靖西	位于县城东北 1.5 公里的石山脚下
鹅　泉	广西靖西	位于县城南小鹅山麓。泉水涌出汇成巨潭，流入越南境内。有诗云："叠叠峰峦来此冈，滔滔潭水甚汪洋。一方咸赖鹅泉泽，灌润郁疆及外邦。"
卓锡泉 （和靖泉）	海南琼山	在县东北潭龙岭下。宋时有名衲和靖卓锡于此，甘泉忽自流出，故名和靖泉。苏轼有："稍喜海南州，自古无战场，飞泉泻万仞，无肉亦奚伤"之句

175

（续）

泉水名	地理位置	记　　　　述
惠通泉*	海南琼山	在城东五十里。味极甘冽宜茶。苏轼作有《琼州惠通泉记》
双　泉	海南琼山	在县北。苏轼谓其泉相距不远而味异，名之曰"洞酌"（薄酒之意）
玉龙泉	海南琼山	在县西南二十里。水自石窦流出，寒冽异常，其味甘洁，喷涌之势如飞珠洒玉，大旱不减
新村井	海南澄迈	在城东。泉清冽，煎茶有粟泉气味
澹庵泉*	海南临高	
乳　泉	海南儋州	在儋州城南。苏轼作有《乳泉赋》。乳泉井在东南朝天宫，即旧天庆观
相　泉	海南儋州	在州西十五里，濒海，潮长则盐，退则清甘。《舆地纪胜》："赵丞相谪吉阳，过儋耳十五里，盛暑渴甚，凿井数尺，得泉以济。"
鱼爷井	海南文昌	在县西五十里。水极清冽。相传泉与海相通，中有一大鱼，其头白，俗呼鱼为鱼爷，即出
西山包泉	重庆万州	西山包泉，水味甘腴，偏宜煮茗。明·徐献忠《水品全秩》：宋元符（1098—1100年）间，太守方泽为铭，以其品与惠山泉相上下。转运张缜诗："更把岩泉分茗碗，旧游仿佛记孤山。"
甘和泉	重庆开县	在县西北里许，盛山莲台之旁，味甘色白，宜茗
蟠友洞泉（蟠龙泉）	重庆梁平	喷雾崖在县东三十里白兔岩后。《胜览》云：蟠龙洞之泉，下注垂崖，约二百余丈，喷薄如雾，石壁间刻喷雾崖三字。宋·张商英留题云："水味甘腴偏宜煮，茗非陆羽莫能辨。"范大成以为天下瀑布第一，有飞练亭与之相对。嘉庆十二年（1807），邑令符永培手书"蜀岭雄风"四大字，镌于石壁
寇公井	重庆奉节	在县西三里相公溪边。爨诸水，惟此烹茶最佳
孔子泉	重庆巫山	在县东北三百步。宋·王十朋诗："巫山孔子泉，可饮仍可祈。泉旁凡人家，聪慧多奇儿。"
潮　泉（灵水）	重庆武隆	志书云："其泉如沸，日三潮，每至高丈余。"早潮上午8～9点，中潮12～13点，晚潮17～18点，来潮时，犹密锣紧鼓，接着泉水喷涌，50分钟后，水息音消。泉侧有壁刻"三潮灵水"
项家井	重庆彭水	在县城东山。泉水清冽，煮茗绝佳

（续）

泉水名	地理位置	记　　　述
丹泉井*	重庆彭水	在凤凰山开元寺
喊水泉	重庆酉阳	位于小坎乡铺视槽沟山麓。平时泉池干涸，对着泉眼大喊几声，泉水汩汩流出
薛涛井* （玉女津）	四川成都	位于望江楼公园崇丽阁正南浣笺亭畔
南山泉*	四川金堂	在县南五十里云顶山。兰陵钱治尝作有《南山泉记》。宋·蒲国宝作有《金堂南山泉铭》
文君井	四川邛崃	在州南街左琴台侧。相传，即文君当炉处
煎茶溪	四川都 江堰市	宋成都府一百八景之一：煎茶溪，种茶岩。以茶得名
香　泉	四川叙永	位于县城东北。山腰有泉，取以烹茗，味极甘芳，故名
百汇龙潭	四川江油	在县西二十里兽目山。上下凡三潭，其水常流。山产兽目茶甚佳
茶川水	四川安县	在县东北。因两岸产茶而得名
苏　泉	四川三台	在旧县东山之腰，泉水清冽甘美。东坡曾煮茶于此，故名
含羞泉 （缩水洞）	四川广元	位于陈家乡山谷中。泉水自溶洞溢出，日出水千吨。每遇声响，水流隐止，稍后又显露，有怪泉之称。又名缩水洞
报国灵 泉*	四川剑阁	在柳池镇安国院
灵　泉	四川遂宁	县东十里，数峰壁立，有泉自岩滴下，成冗深尺余，绀碧甘美，流注不竭，因名灵泉
沈　水	四川射洪	沈水，即今射洪东南涪江东岸的支流——杨桃溪。宋·张孝祥以贡茶、沈水为杨齐伯寿，并作有"炎州沈水胜龙涎"诗句
茗　泉*	四川隆昌	玉屏山，县东南三十里，通志作正觉山。崇冈峻岭，绵亘数十里，为邑南屏。明代县人郭孝懿有《正觉寺茗泉记》
煎茶溪	四川仁寿	煎茶溪泉中溪独美，以煎茶，浮起碗面二三分不溢
玉液泉 （圣水） （神水）	四川峨眉山	在四川峨眉山圣水阁，明称神水庵，因阁前有玉液泉而享盛誉。泉出石下，终年不竭，清澈晶莹，甘爽可口
老翁泉*	四川眉山	在蟆颐山东10公里

177

中国茶文化丛书

（续）

泉水名	地理位置	记　　　述
圣　泉	四川犍为	小安乐窝（即圣泉漱玉），城西里许翠屏山麓。竹木蓊蔚，古寺清幽。圣泉出自半山，四时不涸，莹洁清冽异常，时人常为渝茗之会云
玉坎泉	四川青神	在中岩。黄庭坚尝铭之，有"蜀中之泉，莫与比甘"之句
嘉鱼泉（流杯池）	四川长宁	在马鞍山下。《舆地纪胜》云：有小鱼，四时如一，游泳其间，其泉夏冷各温，汲以酿酒烹茶，味极甘美。前辈于上巳日流觞于此，又名流杯池
金鱼井	四川高县	在县西北一百二十里七星山下。水冷芳洌。苏东坡曾游于此……寓居郡城，嗜茶，尝遣人遍汲泉水试之，极称此水为佳
龙　泉	四川兴文	龙洞在上罗者三，在下罗者二，灌溉田亩，多资其利。惟上罗场一洞，在深谷中，其味清冷，煮茶最香
龙王井	四川兴文	在建武城内北街。相传源出玉屏山麓，昔人砌石引泉，伏流入城，水极甘洌，烹茗酿酒，绝佳
甘露井	四川名山	在蒙顶上清峰。井水，雨不盈，旱不涸，后人盖之以石，游者揭石取水烹茶，则有异香。上清峰还产甘露茶
玉液泉	四川名山	栖霞寺在百丈场后山，所祀神为孔子、老子、释迦，张落魄修道之所也。宋名延禧观，明初易名，后遭兵燹。清康熙（1662—1722年）时僧海德重修，殿宇宏整，花木幽秀，附近玉液泉，烹茶芳洌，夙号明胜
紫霞井	四川名山	紫霞山在城南。山左有紫府飞霞洞，中有石龙，屈曲灵妙。自宋建梓潼观，颇极闳敞。前有紫霞井，甘洌宜茶
神　泉	四川丹巴	位于红旗乡边尔村。泉水自一小断层中涌出，伴随着串串气泡。水无色透明，颇似汽水，和面蒸馒头不用发酵
圣　泉	贵州贵阳	位于西郊黔灵山。又名灵泉、漏勺泉、百盈泉，水自石罅迸出，一昼夜之间百盈百缩，有如潮汐。水味甘洌宜茶
白茶水	贵州务川	白茶水，在州东一百七十里，因产白茶而得名
平灵台泉	贵州湄潭	平灵台，县北四十里，在马蝗箐，悬崖四面，攀陟甚难，顶上方广十里，茶树千丛，清泉醇秀
潮　泉	贵州修文	位于县城西北的观音山南麓岩洞中。又名三潮水。夏秋时，每日早、中、晚发潮泉三次。泉水清澈，为宜茶好水

（续）

泉水名	地理位置	记 述
喜客泉	贵州平坝	在城西南5公里。副使焦希程《记》略云："平坝之西，有泉涌焉，湛然甘洌，可鉴而酌，冬温而夏清，客至语笑，明珠翠玉，累累而沸，风恬日霁，晶莹射目，客语在左则左应，在右则右应，众寡亦如此。否即，已殆如酾酢，因名之曰喜客泉。"
百刻泉	贵州平坝	在城西2.5公里。水自石罅迸出，汇而为池。每昼夜进退盈缩者百次，故名百刻
天 池	贵州都匀	在凯阳山顶。其山险峻，周围四壁陡绝，独一径尺许，仅可侧身而陟，池水清冷可茗
滚水井	贵州惠水	在城南六里，水出山麓，味清而最凉，以之烹茶，异于他水
石岩井	云南昆明	在圆通寺内石岩下。以之烹茶，其味香美，非他泉可及
碧玉泉	云南安宁	位于昆明市西39公里的安宁境内。每昼夜涌水量千余吨，为弱碳酸盐型温矿泉水，水温40～45℃，可浴可饮。有"天下第一汤"之称
潮 泉	云南安宁	在曹溪寺北。每隔三四小时喷涌一次，有"三潮圣水"之称
邓家龙潭	云南沾益	在西门城脚。泉甘美，可烹茶
孙家井	云南沾益	在南门外。泉涌不息，清洌味甘，烹茶家多取汲于此
马龙温泉	云南马龙	在州南四十里。水清味甘，可以沃茶
磨盘山泉	云南罗平	磨盘山 在州北里许，俯视太液湖，上建玉皇阁，下沸清流、味甘美，堪似茶泉，特乏赏鉴耳
石马井	云南楚雄	城外石马井水，无异惠泉
姚州古泉	云南大姚	在城西四里古泉寺之左，其水甘洌，烹茗极佳
大王庙甘泉（羊郡甘泉）	云南大姚	大王庙甘泉 有上下二泉，味皆甘，上泉今架枧流关内，注之石缸，汲饮称便；其下一泉，涌出石罅，味更清洌，煮茶为向来司署取汲之。提举郭存庄凿甃深广，建亭其上，以障尘浊，匾曰羊郡甘泉
圣 泉	云南大姚	圣泉寺井旧志：名大王寺，在宝关门外，山麓有二井，水味甘洌，上井美于烹茶，下井利作豆腐。相传井脉来自宾居大王庙，故以名寺
渊 泉	云南建水	渊泉 近大井，水味清美，烹茶甚佳，俗呼小井
流 泉	云南建水	泸江北五里曰流泉，在北山寺左，味甚甘，春秋墓祭者，必汲以煮茗。寺旧称北冈华刹

179

泉水名	地理位置	记　　　述
蝴蝶泉	云南大理	在点苍山云弄峰下，泉以蝴蝶奇观得名。泉池约二三丈见方，水质清澈，淡美宜茶
一碗泉	云南鹤庆	在城东南七十里大成坡顶。相传，南诏蒙氏过此，拔剑插地，泉随涌出。深仅尺许，大旱不涸，味极甘美
法明井	云南保山	在法明寺，有二，一在栖云楼，一在归休庵。煮茶无黟
黑龙潭	云南丽江	位于城北象鼻山麓。有流泉数十股，汇成巨潭，每昼夜出水量20万吨，为西南涌泉之最
白　泉	云南中甸	因泉水中溶解了大量碳酸钙，当从岩心泛起，碳酸在流经的平坎和山坡沉淀，天长日久，便形成了一层铺雪盖银的奇特坎坡景观
塔各加泉	西藏昂仁	在县西。泉口直径约40厘米，泉眼的水柱一起一落，经过几次重复后，突然一声巨响，一股直径达2米的水柱射向空中，高达20米余。水柱顶热气翻滚，化成热泉雨，从空中洒下。瞬息间，又恢复平静。是一口无规律的间歇泉
冰　泉	西藏藏北	在藏北高原，是一种冰状固态泉，不能流动。冰泉水矿化度低于1克/升，是优良的淡水
昊天观井	陕西西安	在昊天观常经库后。唐人《玉泉子》云：与惠山泉脉相通，与惠山泉水同味
冰　井	陕西蓝田	在玉案山。他水流入辄成冰，经夏不消。长安不藏冰，但于此地求取。冰井味甘，主解热毒，宜于烹茶
华山玉井　华山玉泉	陕西华山	华山玉女峰、莲花峰、落雁峰之间的山谷中有镇岳宫，宫前玉井深30米，周围半之。北麓山口又有玉泉院，相传院中玉泉与玉井潜通，二水均极清冽甘醇，宜烹茗清赏
灵　泉	陕西凤翔	在县东北十五里。水味甘冽。苏轼诗云："金沙泉涌雪涛香，洒作醍醐大地凉。解如九天河影白，遥通百谷海声长。僧来及月归灵石，人到寻源宿上方，更续《茶经》校奇品，山瓢留待羽仙尝。"
润德泉	陕西岐山	在县西北七八里周公庙，庙后百许步有泉依山涌冽，澄莹甘洁
三　泉	陕西勉县	在大安军东门外濒江石上。有泉如小车轮，品列鼎峙，故名三泉
石　泉	陕西石泉	在县南50步。其水清冽，四时不竭，县因泉名

（续）

泉水名	地理位置	记　述
汉江中零水	陕西安康	在石泉—旬阳—带。张又新《煎茶水记》："汉江金州上游中零水第十三。"
武关西洛水	陕西商州	张又新《煎水茶记》："商州武关西洛水第十五。"
天柱泉	陕西山阳	在县南八十里。其山壁立万仞，形如天柱，泉当绝顶，清冽可饮
甘露泉	甘肃兰州	位于市南五泉山。山有五泉，相传是霍去病西征途中缺水"抽鞭出泉"。甘露是五泉中出露位置最高的泉，以"天降甘露"得名
掬月泉	甘肃兰州	位于五泉山文昌宫东侧。仲秋之夜，月上东山，得月影于泉池，似掬明月于玉盘，故名
惠　泉	甘肃兰州	位于五泉山西龙口下谷底。水量为五泉之首，除饮用外，还可溉田，"养民之惠"，故名惠泉
摸石泉	甘肃兰州	位于五泉山旷观楼下摸子洞中，故名
蒙　泉	甘肃兰州	位于五泉山公园二道门东路。为五泉中流量最小的泉，水质清冽，味甘醇
甘　泉	甘肃皋兰	在县南三十里，地名峨嵋湾，水甘，可烹茶
红泥泉	甘肃皋兰	在红泥岩下，谷深树密，盛夏人之，寒气袭人，岩半祠宇巍峨，泉出其旁，清冽潆渡，色白而骨重……酿酒烹茗，风味殊绝。旧县志有秦维岳《红泥泉》诗："兰郡多泉水，兹泉味莫加，调羹宜作醢，消暑可烹茶。"
玉液泉	甘肃榆中	位于兴隆山风景名胜区
甘　泉*（天水）	甘肃天水	在甘泉镇。《秦川志》："甘泉寺，东南七十里，佛殿中有泉涌出。""泉在厦前檐下，名曰春晓泉，东流入永川，其水极盛，……作寺覆其上，号甘泉寺。"水味甘纯，宜烹茶。有"天水"之誉
饮军泉（跑马泉）	甘肃天水	在城东四十里。相传，唐·尉迟敬德与番将金牙战，士卒疲渴，敬德马忽跑，泉水涌出，三军饮足，至今不竭。宋·游师雄饮之，赏其清冽，因与叶康直诗云："清泉一派古祠边，昨日亲烹小凤团，却恨竟陵无品目，烦君精鉴为尝看。"古祠，即鄂国公祠，敬德封鄂国公
酒　泉*	甘肃酒泉	在东关酒泉公园。相传，霍去病倒酒于古金泉，泉水化酒水，故名。原有三窍，今仅存一泉眼，清澈宜淪茗。清宣统辛亥三月，立"西汉酒泉胜迹"大碑刻于泉池

181

（续）

泉水名	地理位置	记　　述
月牙泉	甘肃敦煌	在鸣沙山北麓，水面形似月牙，故名。后汉时期就有泉水的记载，千百年来，流沙堆积，泉水不涸，具有沙漠明珠的神韵。泉水清冽甘美，宜瀹茗
玉浆泉	甘肃陇西	在城西鸟鼠山。相传，周武帝时，豆卢勣为渭州刺史，有惠政，华夷悦服，马迹所残，忽飞泉涌出，民以玉浆称之
潮　泉	甘肃宕昌	在角弓河畔。其出露范围约5 000平方米，为一多泉眼的潮泉群。水质属重碳酸钙型水。为难得的优质矿泉水，宜烹茗
玉绳泉	甘肃成县	在县东南3.5公里，万丈潭之左。宋·喻涉有"万丈潭边万丈山，山根一窦落飞泉"之句。泉甘宜茗
丰水泉	甘肃西和	在县南百里仇池山。四面拱立峭绝，险固自然，绝顶平地方二十里，泉可煮茶。杜甫诗云："万古仇地穴，潜通小有天。神鱼人不见，福地语空传。近接西南境，长怀九十泉。何时一茅屋，送老白云边。"
戛玉泉	甘肃合水	在县西南七十里。水味甘冽。石崖上刻有唐代诗句："山脉逗飞泉，泓澄傍岩石。乱垂寒玉篆，碎洒珍珠滴。清波涵万象，明镜泻天色。有时乘月来，赏咏还自适。"
扎陵湖鄂陵湖	青海玛多	是黄河源头两个最大的高原淡水湖泊。古称"柏海"。清·齐召南《水道提纲》有"鄂陵在东，言水清也；札陵在西，其水色白也"的记载。两湖相距20公里，湖区海拔4 300米，为黄河之源泉。"黄河之水天上来"，名符其实
天　池	新疆阜康	在市境内天山东段博格达峰下的半山腰。古称瑶池。湖区海拔1 980米，水清冽纯净，有"天饮"之誉。天池之名，取自"天镜"、"神池"
博斯腾湖	新疆焉耆	在天山山脉南麓的焉耆盆地。古称"敦薨浦"、"焉耆近海"、"西海"。面积1 019平方千米，是我国最大的内陆淡水湖。湖水澄鲜，冰清玉洁
千泪泉	新疆拜城	在克孜尔千佛洞附近的一条山坳中。泉水从悬岩峭壁上落下，琮琮有声，水质清澈甘冽，是理想的烹茶之水
报震泉	新　疆	在沙漠中。每当地震前夕，会发出短笛声似的鸣叫，几里之外，都能听见

(续)

泉水名	地理位置	记　述
乳 井	台湾彰化	在剑潭山也佳庄，四周巨石，有泉窍，凿之深仅数尺，水色如乳，甘可瀹茗
阳明山温泉	台湾台北	泉水从七星岩中涌出，属乳白色和暗绿色两种单纯硫化氢泉，质似米浆，呈弱碱性。水质清洁，水量丰富，四季不竭，可饮可浴
四重溪温泉	台湾屏东	位于恒春镇以北约13公里的群山之中。水清质佳，无色无味，水温45~60℃之间，可饮可浴
关子岭温泉	台湾台南	位于白河镇东。为台湾南部第一温泉，又称"水火同源"，岩隙涌泉时同喷烈焰，水不淹火，火不下水，水火相错。温泉分清、浊两穴。浊泉约80℃，可以浴疗；清泉约50℃，水质清纯，味甘可饮
日月潭*	台湾南投	台湾最大的高山天然湖泊。面积7.7平方千米。翠山环抱，泉水潺潺，湖面澄碧。潭北半部形似日轮，潭南半部形似弯月，故名

参 考 书 目

[1] 吴觉农．中国地方志茶叶历史资料选辑．北京：农业出版社，1990

[2] 徐海荣．中国茶事大典．北京：华夏出版社，2000

[3] 朱世英．中国茶文化辞典．合肥：安徽文艺出版社，1992

[4] 陈彬藩．中国茶文化经典．北京：光明日报出版社，1999

[5] 张科．说泉．杭州：浙江摄影出版社，1996

[6] 黄仰松，吴必虎．中国名泉．上海：文汇出版社，1998

[7] 王幼辉．水，永恒的主题．石家庄：河北科学技术出版社，1999

后　记

　　为了弘扬中国茶文化，促进茶业的发展，中华全国供销总社于观亭先生和中国农业出版社穆祥桐先生共同策划组织，由中国农业出版社出版一套《中国茶文化丛书》。邀请我承担《名泉名水泡好茶》一书的编著，我愉快地承诺了。

　　编著茶书是茶文化建设的一项重要工程。茶文化的传承，除了通过制度、礼俗和行为示范的有形和无形方式代代相传外，茶书是最重要最可靠的载体。我认为茶文化建设是中国文化建设整体中不可或缺的部分，茶只是载体。茶文化作品必须有浓郁的文化氛围和崇高的人文精神。

　　我是终生聚徒习教的茶人，茶叶科技知识有一些积累，近些年也进行过一些茶文化研究，小试割鸡之刀，并留下些微雪泥鸿爪。但是，毕竟功底薄弱，一动笔就感到挈瓶之知难以应付，只得老老实实，边学边写，起了不少早，摸了不少黑，实感力不从心。幸有挚友安徽大学中文系朱世英先生的协助，才得以较顺利地完成书稿。

　　由于文化学和古汉语知识水平低下，文献资料短缺，缺点错误在所难免，敬请读者和专家斧正。

詹罗九

安徽合肥回甘书屋

图书在版编目（CIP）数据

名泉名水泡好茶/詹罗九主编·—北京：中国农业出版
社，2003.1（2007.4重印）
（中国茶文化丛书）
ISBN 978-7-109-08068-3

Ⅰ.名… Ⅱ.詹… Ⅲ.茶—文化—中国 Ⅳ.TS971

中国版本图书馆 CIP 数据核字（2002）第 107036 号

中国农业出版社出版
（北京市朝阳区农展馆北路 2 号）
（邮政编码 100026）
责任编辑　穆祥桐

中国农业出版社印刷厂印刷　　新华书店北京发行所发行
2003 年 3 月第 1 版　　2007 年 4 月北京第 3 次印刷

开本：850mm×1168mm 1/32　　印张：6.125　插页：2
字数：150 千字　　印数：12 001～18 000 册
定价：18.00 元
（凡本版图书出现印刷、装订错误，请向出版社发行部调换）